Evaluación de Vulnerabilidades TIC

Guía práctica para el desarrollo de procesos básicos de evaluación de vulnerabilidades.

Javier Medina

Primera edición: julio de 2014

Título original: Evaluación de vulnerabilidades TIC.

Diseño de portada: Javier Medina

©   2014, Javier Medina

De la presente edición:

©   2014, SG6 C.B.
         C/ Ángel 2, 3C
         30163, Laderas del Campillo (Murcia)
         info@sg6.es
         www.sg6.es

Nº de ISBN: 978-1-312-31589-1

Esta obra está licenciada bajo la Licencia Creative Commons Atribución-NoComercial-SinDerivar 4.0 Internacional. Para ver una copia de esta licencia, visita http://creativecommons.org/licenses/by-nc-nd/4.0/.

A todos los que, de una u otra forma, lo han hecho posible.

A todos los que lo usen para mejorar sus sistemas de información.

ÍNDICE

ÍNDICE 7

¿OTRO LIBRO NUEVO? 9

GLOSARIO | 0 11

COMENZANDO | 1 15
    1.1 | Enfoque y destinatarios 16
    1.2 | ¿Qué es una prueba de seguridad? 17
    1.3 | ¿Para qué sirve una prueba de seguridad? 23
    1.4 | Tipos de pruebas 24
    1.5 | Ideas adicionales 30

VULNERABILIDADES | 2 33
    2.1 | Vulnerabilidades en la configuración 35
    2.2 | Vulnerabilidades en la lógica de negocio 47
    2.3 | Vulnerabilidades en la autenticación 49
    2.5 | Vulnerabilidades en la validación 63
    2.6 | Tabla resumen 72

HERRAMIENTAS | 3 73
    3.1 | Seguridad en redes y servidores: nmap y netcat 74
    3.2 | Seguridad en redes y sistemas: openvas, nexpose, … 77
    3.3 | Seguridad en redes y sistemas: otras herramientas 85
    3.4 | Seguridad web: zap, un proxy de auditoría 87
    3.5 | Seguridad web: aplicaciones automatizadas 91
    3.6 | Conclusión 103

METODOLOGÍA | 4 105
4.1 | Planificación y diseño 107
4.2 | Ejecución, verificación y explotación 119
4.3 | Informe y corrección de vulnerabilidades 124
4.4 | Resumen gráfico 128

UN CASO PRÁCTICO | 5 129
5.1 | Planificación y diseño 129
5.2 | Ejecución 132
5.3 | Verificación 141
5.4 | Informe 144

¿Otro libro nuevo?

Otro libro nuevo. Me siento casi como *César Vidal*, aunque más joven, sin *becarios* que escriban por mí y sin ni pretensión de publicar veinte libros cada año.

Hecha la broma, tienes entre tus manos un libro que, al igual que sucedió con el anterior *Pruebas de Rendimiento TIC,* da respuesta a una necesidad de trabajo que ha ido creciendo y que también parece que puede ser útil a más gente.

En esta ocasión nos hemos visto en la necesidad de formar profesionales TIC en la ejecución de pruebas de seguridad, más concretamente, de pruebas de evaluación de vulnerabilidades lo más sistemáticas y automatizadas que sea posible, pero sin renunciar a unos mínimos de calidad en los resultados. ¿El objetivo? Disponer personal con perfiles heterogéneos que pueda desarrollar pruebas que garanticen que los servicios desplegados son revisados mínimamente ante las vulnerabilidades más comunes.

Por tanto ha sido necesario formar a administradores de sistemas, administradores de red o desarrolladores. Personas que no pretenden ser expertos y que ven éstas pruebas como una *herramienta* más de su trabajo; una herramienta a usar cada cierto tiempo. En consecuencia quieren claridad y practicidad porque después de la evaluación de las vulnerabilidades hay que volver al quehacer diario: subir de versión una base de datos, programar una nueva aplicación, actualizar el *firmware* de un *router*...

Como ya sucedió en el caso de las pruebas de rendimiento, existe una literatura extensa al respecto: *The Art of Software Security Assessment: Identifying and Preventing Software Vulnerabilities, Gray Hat Hacking: The Ethical Hacker's Handbook, Professional Pen Testing for Web Applications, Advanced Penetration Testing for Highly-Secured Environments, ...*

Sin embargo, todos vuelven a ser libros centrados en la formación de expertos y de profesionales que quieran centrar sus perfiles y su actividad profesional en el campo de la seguridad de la información. Por tanto, todos ellos son libros con un alcance y una visión mucho más profundas que las requeridas para este caso, también en correspondencia con su complejidad.

Es decir, libros que para nuestro cometido están en las antípodas de las necesidades de la acción formativa, donde como hemos comentado lo que se pretende es instruir en una metodología básica para la realización de pruebas de evaluación de vulnerabilidades.

Con este texto, por tanto, no se pretende ni innovar, ni tampoco *descubrir el fuego*, sino cubrir un hueco para el que no hemos encontrado una respuesta en el mercado. Lo más parecido sería *Hacking for Dummies* pero adolece de estar más focalizado en el proceso de explotación e intrusión que en el proceso de revisión de vulnerabilidades.

En definitiva, este libro pretende ser una suerte de *Security Testing for Dummies*. Esperemos haber logrado el objetivo.

Sin más, nuevamente y de verdad, que os sea útil.

Javier Medina.

GLOSARIO | 0

Amenaza

Una amenaza es toda circunstancia que tiene el potencial de causar daño/impacto a un sistema de información en forma que se comprometa su disponibilidad, confidencialidad, integridad, autenticidad, trazabilidad o capacidad de no-repudio.

Ataques dirigidos

Un ataque dirigido es una intrusión compleja en múltiples etapas con un objetivo concreto. Normalmente implica un ataque inicial, seguido por la instalación de software que permite mantener el acceso al sistema atacado y la posterior explotación de nuevas vulnerabilidades desde ese sistema.

Ataques Web

Un ataque Web es toda acción maliciosa que se desencadena sobre un servidor web o sobre los clientes que hacen uso de este.

Blacklisting

La lista negra es el proceso de identificación y bloqueo de programas, correos electrónicos, direcciones o dominios IP conocidos maliciosos o malévolos.

Botnet

Conjunto de equipos bajo el control de un atacante a través de un canal de control. Estos equipos normalmente se comercializan posteriormente a través de Internet y se utilizan para actividades malintencionadas, como el envío de spam y ataques distribuidos de negación de servicio.

Denegación de servicio (DoS)

La negación de servicio es un tipo de ataque en el que el atacante intenta deshabilitar los recursos de una computadora o lugar en una red para los usuarios.

Un ataque distribuido de denegación de servicio (DDoS) es aquel en que el atacante aprovecha una red de computadoras distribuidas, como por ejemplo una botnet, para ejecutar el ataque.

Filtración de información (Information disclosure)

Una filtración de datos es una pérdida de confidencialidad derivada de un sistema comprometido o vulnerable que expone su información a un entorno no confiable.

Firewall

Un firewall es una sistema de seguridad diseñado para filtrar las conexiones entrantes y salientes de una red. Un firewall debería formar parte de una estrategia de seguridad de múltiples niveles.

Firmas

Una firma es un archivo que proporciona información al software automatizado de seguridad para detectar riesgos y vulnerabilidades. Esta tecnología se usa en herramientas de detección automatizadas.

Greylisting

La lista gris es un método de defensa para proteger a los usuarios. Ante la detección de un patrón no expresamente aceptado el sistema reaccionará rechazando la petición durante un periodo de tiempo. Transcurrido un tiempo el sistema aceptará la petición. Evita de esta manera el ataque automatizado.

Ingeniería Social

Método utilizado por los atacantes para engañar a los usuarios del sistema de información, para que realicen una acción que normalmente producirá consecuencias negativas.

Malware

El malware es la descripción general de un programa informático que tiene efectos no deseados o maliciosos. Incluye virus, gusanos, troyanos y puertas traseras.

Phising

Método de ataque que tiene como objetivo redirigir el tráfico de un sitio web a otro sitio falso, generalmente diseñado para imitar el sitio legítimo. El objetivo es que los usuarios ingresen información personal confiando de la autenticidad del sitio.

Rootkits

Componente de malware que se utiliza para mantener el acceso tras una primera intrusión. Las acciones realizadas por el rootkit, como la instalación y ejecución de código, se realizan sin el conocimiento o consentimiento del usuario afectado.

Sistema de detección de intrusos (IDS)

Un sistema de detección de intrusos es un servicio que monitoriza los eventos del sistema de información para encontrar y proporcionar en tiempo real advertencias de intentos de acceso a los recursos del sistema de manera no autorizada.

Sistema de prevención de intrusos (IPS)

Un sistema de prevención de intrusos es un dispositivo (hardware o software) que supervisa las actividades de la red o del sistema en busca de comportamiento no deseado o malicioso y puede reaccionar en tiempo real para bloquear o evitar esas actividades.

Vector de ataque

Un vector de ataque es el método que utiliza una amenaza para atacar un sistema.

Vulnerabilidad

Una vulnerabilidad es un estado de insuficiencia en un sistema informático (o conjunto de sistemas) que permite la materialización de una amenaza afectando las propiedades de disponibilidad, confidencialidad, integridad, autenticidad, trazabilidad o no-repudio.

Whitelisting

La lista blanca es un método de autorización e identificación que permite únicamente el uso a aquellos usuarios o direcciones IP autorizados expresamente para ello.

COMENZANDO | 1

Empezamos con un primer capítulo donde tratar unos puntos básicos, que incluso pueden parecer poco importantes, pero que serán de utilidad en los siguientes capítulos y, lo principal, permiten a cualquiera que eche un vistazo saber si es esta guía es lo que necesita o si está buscando otra cosa.

- **Enfoque y destinatarios.** Cuál es la finalidad y para qué personas está pensado este texto.

- **¿Qué es una prueba de seguridad?** Explicación breve de qué son este tipo de pruebas: ¿dónde encajan?, ¿qué es lo que se prueba?, etc.

- **¿Para qué sirve una prueba de seguridad?** El siguiente paso a conocer qué son es saber para qué las podemos utilizar.

- **Tipos de pruebas.** Una vez que sabemos qué son y para qué sirven necesitamos saber los diferentes subtipos que existen: 18 subtipos diferentes, nada menos, que tenemos que ser capaces de distinguir y diferenciar.

- **Ideas adicionales.** Para finalizar unas cuantas ideas adicionales que tratan desde conceptos que comúnmente se malinterpretan a recomendaciones generales.

1.1 | ENFOQUE Y DESTINATARIOS

Los destinatarios de este libro son profesionales en los campos de las tecnologías de la información y las comunicaciones que, sin dedicarse a ello a tiempo completo y sin pretenderse expertos, necesitan realizar <u>evaluación de vulnerabilidades, con un grado de automatización alto, sobre su propio sistema de información.</u>

Evaluación que para un mejor resultado incluye algunas pequeñas pruebas manuales y verificación de resultados igualmente manual. En ningún momento este texto se centra en la explotación y las herramientas a usar serán de acceso gratuito y, dentro de lo posible, libres.

El enfoque de la guía, siendo consecuentes con el público objetivo, es reduccionista. Es decir, lo que lees en ningún momento quiere ser la biblia de eso que se llama *vulnerability assessment*; sino todo lo contrario. Se intenta simplificar, descartar información excesiva, agrupar y procedimentar la realización de pruebas semiautomatizadas de evaluación de vulnerabilidades.

La idea es que cualquiera, incluso sin nunca haber hecho una antes, con un poco de esfuerzo por su parte, consiga dar respuesta a las preguntas más comunes a las que una prueba de este tipo responde.

La decisión de simplificar, descartar, agrupar y procedimentar implica, no puede ser de otra forma, una pérdida de *precisión* y de *exactitud* en las pruebas que se realicen usando este texto como base. Usando metodologías más completas y enfoques más globales los resultados que se obtendrán serán más precisos.

Sin embargo, nuestra finalidad es otra.

Queremos obtener resultados lo suficientemente buenos como para que sean válidos en la toma de decisiones. Y queremos que estos resultados puedan ser obtenidos por cualquiera profesional de los que conforman un área/departamento TIC.

Éste es el enfoque de esta guía.

1.2 | ¿Qué es una prueba de seguridad?

Las pruebas de seguridad son un proceso técnico, un conjunto de pruebas y verificaciones, destinado a evidenciar las deficiencias existentes en materia de seguridad de la información en un sistema TIC.

Este tipo de pruebas consisten, por tanto, en la ejecución de una serie de acciones técnicas, más o menos automatizadas, que nos muestra las insuficiencias en las principales dimensiones de la seguridad de la información para cada servicio que sea evaluado: confidencialidad, integridad, disponibilidad, autenticidad y no-repudio.

Es importante puntualizar que una prueba de seguridad únicamente valida la existencia de vulnerabilidades, pero nunca garantiza su inexistencia.

Dimensiones de la seguridad

Aunque, poco a poco, las cinco dimensiones de la seguridad se han hecho de uso frecuente, y por tanto son conocidas, vamos a recordar brevemente a qué hace referencia cada una.

La confidencialidad es la propiedad que impide la divulgación de información a personas o sistemas no autorizados. A grandes rasgos, asegura el acceso a la información únicamente a aquellas personas que cuenten con la debida autorización.

La integridad, por su parte, es la propiedad que busca mantener los datos libres de modificaciones no autorizadas. La integridad es el mantener con exactitud la información tal cual fue generada, sin ser manipulada o alterada por personas o procesos no autorizados.

La disponibilidad es la característica de la información de encontrarse a disposición de quienes deben acceder a ella, ya sean personas, procesos o aplicaciones. La disponibilidad es por tanto el acceso a la información y a los sistemas por personas autorizadas en el momento que así lo requieran.

La autenticidad es la propiedad que permite identificar el generador de la información. Por ejemplo al recibir un mensaje de alguien, estar seguro que es de ese alguien el que lo ha mandado, y no una tercera persona haciéndose pasar por la otra. En un sistema de información se puede aceptar el uso de cuentas de usuario y contraseñas de acceso.

Finalmente, el no repudio proporciona protección contra la negación, por parte de alguna de las entidades implicadas en la comunicación, de haber participado en toda o parte de la misma.

Una idea general del proceso

Como todo proceso, la ejecución de una prueba de seguridad conlleva la ejecución ordenada de una serie de tareas divididas en varias fases.

La *[figura 1-1]* muestra los hitos habituales para la ejecución de una prueba de seguridad: planificación y diseño, ejecución, verificación de resultados y explotación, finalmente informe y corrección . Este proceso será explicado con detalle en el capítulo 4.

FIGURA 1-1

¿Qué es lo que se prueba?

Hemos dicho que en una prueba se buscan insuficiencias o aspectos de mejora en las dimensiones de la seguridad. Pero eso es algo bastante etéreo.

Realmente, cuando hacemos una prueba de seguridad estamos evaluando las insuficiencias en tres aspectos simultáneos del servicio evaluado: en el propio servicio, en su configuración y en las medidas de seguridad que se le han aplicado.

La *[figura 1-2]* muestra la triada de elementos evaluados cuando se realiza una prueba de seguridad.

Es muy importante entender, por tanto, que la existencia de vulnerabilidades estará asociada a uno de estos elementos y que por tanto deberemos distinguir vulnerabilidades en el servicio, vulnerabilidades en la configuración del servicio y, finalmente, vulnerabilidades en las medidas de seguridad que protegen al servicio evaluado.

Servicio
- Defectos o insuficiencias en su codificación que permitan a un usuario malintencionado afectar a alguna dimensión de la seguridad.

Configuración
- Defectos o insuficiencias en la configuración del la infraestructura IT que sustenta el servicio que puedan ser utilizadas para afectar a alguna dimensión de la seguridad.

Medidas de seguridad
- Eficacia y madurez de las medidas de seguridad desplegadas para garantizar la seguridad de un servicio IT.

Figura 1-2

El ciclo de vida de la seguridad: ¿dónde encajan las pruebas?

Las pruebas de seguridad cobran protagonismo en las fases de despliegue y de mantenimiento de un servicio IT.

Sin embargo, como muestra la *[figura 2-3]* debemos entender que la gestión de la seguridad es un proceso más amplio que discurre paralelo a los proceso de gestión de entrega de servicios, y que por tanto la ejecución de pruebas de seguridad debe ser una parte más de ese proceso.

Si no existen políticas, normativas y medidas de seguridad de las que extraer requerimientos para cada entrega de servicio, sino se llevan a cabo implementaciones bajo metodologías seguras, sino se protege la infraestructura o si no se despliegan medidas de protección para los nuevos servicios, las pruebas de seguridad no aportarán gran valor.

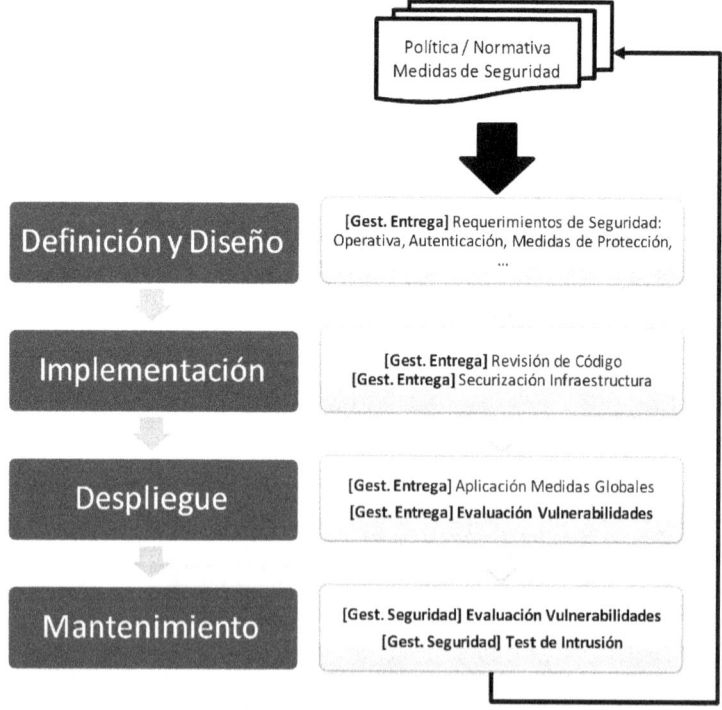

FIGURA 1-3

¿Qué es una vulnerabilidad? ¿Y qué es una amenaza?

La definición canónica de vulnerabilidad nos dice que es una debilidad o insuficiencia en el sistema de información que permite la materialización de una amenaza, permitiendo sobrepasar, en caso de que existan los controles de seguridad del sistema.

Las amenazas serían cualquiera de los sucesos que pueden acontecer sobre sistema de información que supusiese un menoscabo en alguna de las dimensiones de la seguridad. Es decir, desde que un usuario acceda a datos de otro, a que un usuario modifique datos sin autorización, falsee información o deje el sistema indisponible.

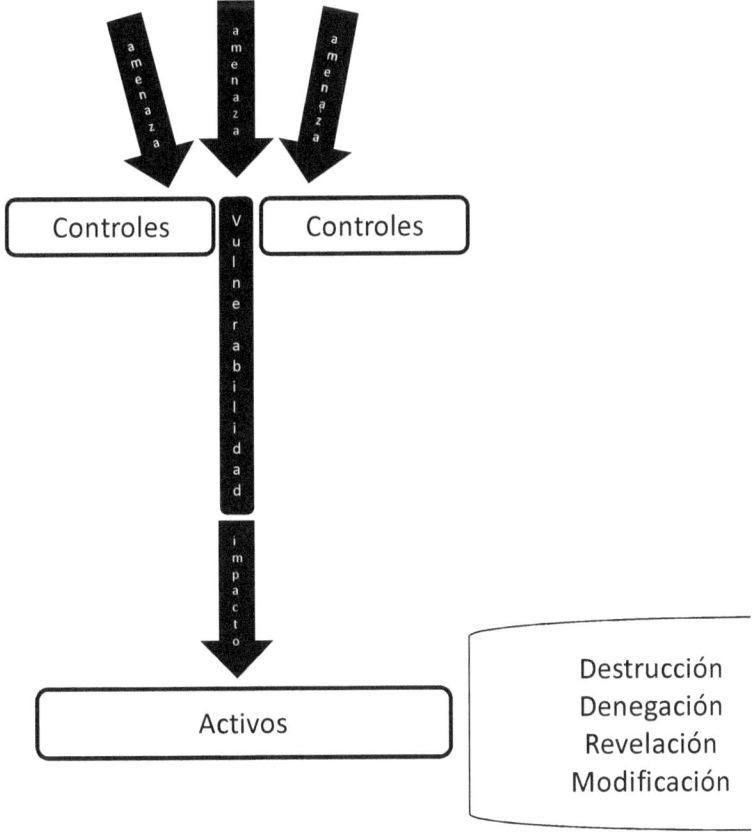

Figura 1-4

↘ EJEMPLO 1-1 - Vulnerabilidades

Para intentar clarificar al máximo qué es una vulnerabilidad vamos a usar un ejemplo concreto y real de una vulnerabilidad.

Apache HTAccess LIMIT Directive Bypass Configuration Error Weakness

Class: Configuration Error
Remote: Yes

LIMIT directives are commonly used in htaccess files to restrict HTTP methods that are available for a particular resource. However it has been reported that if the requested resource is served by an Apache module and not by Apache Server itself, LIMIT restrictions may not apply. Additionally, CGI/Script resources that do not sufficiently check the calling method may potentially be invoked with methods not listed in the LIMIT clause to evade LIMIT restrictions.

FIGURA 1-5

Este es un error de configuración en Apache. Este error de configuración permite la evasión de un control: concretamente del control de la autenticación.

De esta forma un atacante externo que quiera acceder de forma no autorizada (la amenaza) puede evadir el proceso de autenticación (el control) debido a un error de configuración en el fichero *.htaccess* de Apache (la vulnerabilidad) accediendo a la información del servidor (el activo) y obteniendo de esa forma información para la que no está autorizado (el impacto).

1.3 | ¿PARA QUÉ SIRVE UNA PRUEBA DE SEGURIDAD?

Una prueba de seguridad, dependiendo del tipo de prueba, más adelante veremos los tipos, y del punto del ciclo de vida del servicio en los que se realicen pruebas puede tener utilidades diversas.

Fase de desarrollo

- Si es un desarrollo propio, su utilidad es la detección de defectos tempranos en la codificación. Estas pruebas deberían ser complementarías a la revisión de código.

Fase de Preproducción

- Detección de deficiencias y de aspectos de mejora en la implementación final del servicio.

- Detección de errores en la configuración de la infraestructura IT asociada al servicio. Para ello es fundamental que la infraestructura de preproducción implemente las mismas configuraciones que la infraestructura de producción.

- Establecimiento de unos requisitos mínimos de seguridad y de ausencia de errores previo al paso a producción.

Fase de Producción

- Evaluación de las medidas de protección global del sistema de información: IDS/IPS, cortafuegos de aplicación, ...

- Verificación de vulnerabilidades publicadas en software de 3º's previamente a su corrección.

- Cuantificación del impacto que las diferencias de versiones entre los entornos de desarrollo y preproducción pueden tener en la seguridad del servicio.

1.4 | Tipos de pruebas

Hasta ahora hemos hablado de pruebas de seguridad sin hacer distinción entre los diversos tipos que existen. Sin embargo, nada más lejos de la realidad, puesto que tras el concepto *prueba de seguridad*, en inglés *security test*, existen diversos tipos de pruebas según los siguientes criterios:

- **Objetivo de la prueba:** Según el objetivo de la prueba se distinguen por un lado pruebas de evaluación de vulnerabilidades, en inglés *vulnerability assessement*, y por otro lado las conocidas como pruebas de intrusión, del inglés *penetration testing*.

- **Nivel de automatización:** Según el nivel de automatización usado en la prueba distinguimos: pruebas automatizadas, pruebas semiautomatizadas y pruebas manuales.

- **Conocimiento y privilegios en el sistema de información:** Por último, en función del conocimiento y de los privilegios que se disponen en el sistema de información se diferencian: pruebas en caja negra, *black-box testing*, pruebas en caja gris, *grey-box testing*, y por último pruebas en caja blanca, *white-box* testing.

Objetivo: amplitud vs. profundidad

En toda prueba de seguridad hay un objetivo, vamos a llamarlo principal o fundamental, independientemente del servicio, la tecnología o cualquier otra consideración. Un inglés diría que es el *main goal*. Bien, pues este objetivo fundamental diferencia dos tipos de pruebas: el test de intrusión vs. la evaluación de vulnerabilidades.

La *evaluación de vulnerabilidades* es un tipo de prueba destinada a elaborar una lista lo más amplia y completa que seamos capaces de las vulnerabilidades existentes en el sistema, priorizadas por nivel de impacto y con recomendaciones para su corrección.

Por contra, el test de intrusión es un tipo de prueba que tiene por finalidad la consecución de un objetivo prefijado con anterioridad, como puede ser conseguir privilegios de superusuario en el SGBD, acceso a la red interna de servicios o a la red de gestión de infraestructura IT (en caso de no fijarse objetivo, se entiende que la finalidad es la obtención del mayor nivel de privilegio posible). El resultado de un test de intrusión, en consecuencia, es la identificación y explotación de una o varias vulnerabilidades que de forma encadenada consiguen elevar nuestro nivel de privilegios en el sistema hasta la consecución del objetivo fijado.

La *[figura 1-4]* ilustra la diferencia entre estas dos tipologías de prueba.

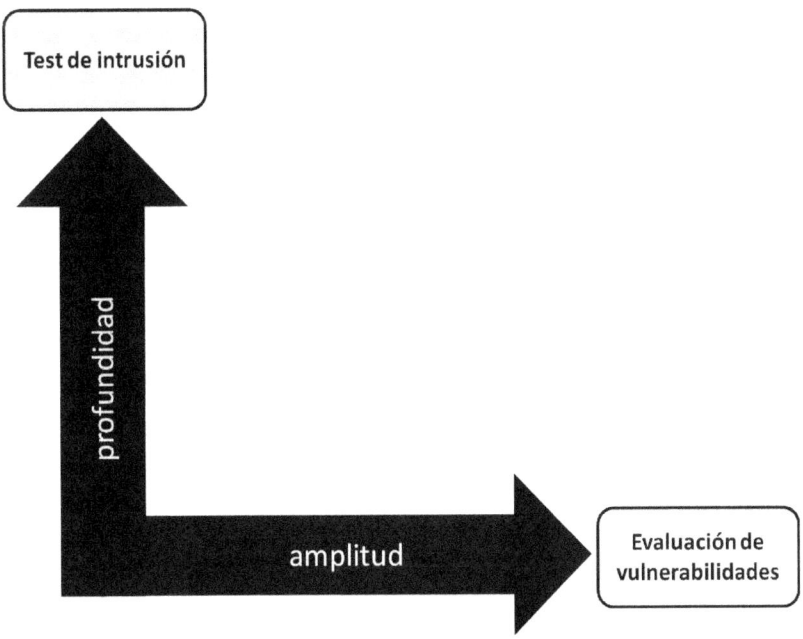

Figura 1-6

Es importante entender, que aunque en el *test de intrusión* se identifiquen vulnerabilidades como paso previo a su explotación y a la elevación de privilegios en el sistema, y aunque muchas veces se ejecute una revisión sistemática de vulnerabilidades, en el momento que se encuentre la vulnerabilidad deseada que nos permite elevar nuestros privilegios, no es necesario continuar con el proceso de identificación de vulnerabilidades.

En el plano más práctico del asunto la evaluación de vulnerabilidades es un proceso que muestra su utilidad en organizaciones con una madurez en la gestión de la seguridad de la información media-baja donde, a priori, sabemos que existen vulnerabilidades y queremos identificarlas y obtener una visión general del estado del sistema de información.

Por contra, el test de intrusión es un proceso recomendado para organizaciones con un nivel de gestión de la seguridad medio-alto, donde lo que se busca es evaluar la efectividad del proceso de gestión de la seguridad y de las medidas de protección desplegadas en el sistema de información.

La *[figura 1-5]* recoge un resumen de los puntos fundamentales que diferencian ambas tipologías de pruebas.

	Eval. Vulnerabilidades	Test de Intrusión
Objetivo	Identificación vulnerabilidades	Obtención privilegios
Resultado	Listado todas vuln. identificadas	Subconjunto vulnerabilidades
Clave	Amplitud	Profundidad
Recomendado	Seguridad media-baja	Seguridad media-alta

FIGURA 1-7

Nivel de automatización

El nivel de automatización hace referencia al nivel de uso de técnicas manuales en el proceso de identificación y explotación de vulnerabilidades.

Es decir, se parte de la base de que todas las pruebas hacen uso de herramientas automatizadas para simplificar algunos procesos (recopilación de información, identificación, explotación...) y, a partir de esta base, se van añadiendo capas de trabajo manual a la prueba como se puede ver en la *[figura 1-6]*. Es decir, una prueba manual, de forma común, incluye las tareas de las pruebas semi-automatizadas y automatizadas.

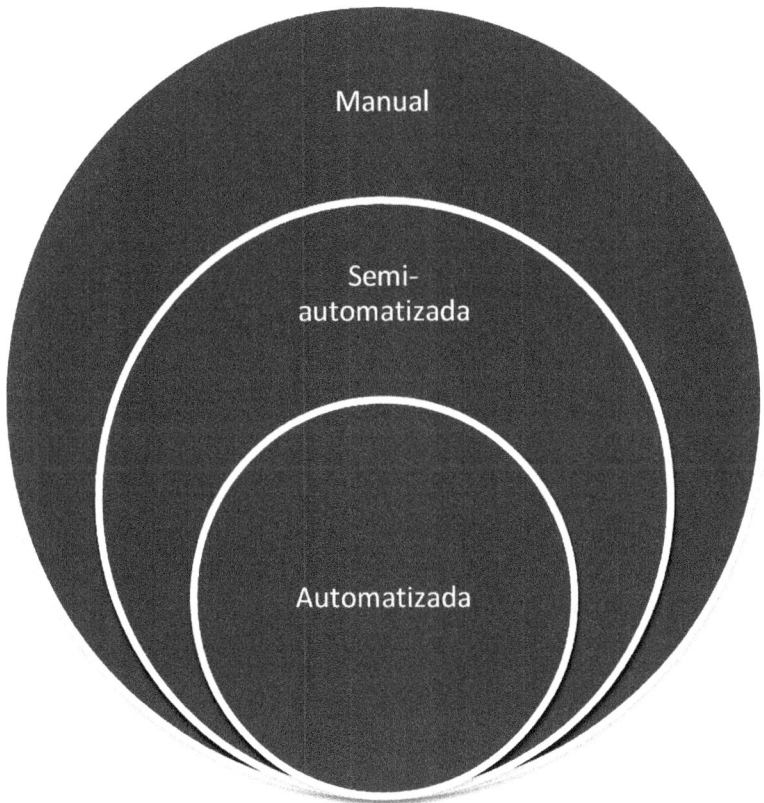

FIGURA 1-8

Pruebas automatizadas: Son aquellas que únicamente hacen uso de herramientas para la ejecución de la prueba. Este tipo de pruebas presentan una eficacia pobre, un nivel de ruido muy elevado y una utilidad bastante limitada. Poco recomendables.

Pruebas semiautomatizadas: Las pruebas semiautomatizadas son el siguiente nivel de madurez de una prueba de seguridad. En este tipo de pruebas, generalmente a partir de la información obtenida por las herramientas automatizadas, se desarrolla un trabajo manual de verificación de resultados y descarte de falsos positivos.

En los niveles más completos de la semiautomatización se pueden incluir algunas tareas manuales para completar aquellas funciones que las herramientas automáticas no cubren de forma precisa.

Pruebas manuales: En este tipo de pruebas, además de realizar las tareas de la revisión semiautomatizada como una aproximación rápida se lleva a cabo, de forma paralela y mediante el uso de herramientas manuales, una revisión sistematizada y exhaustiva de vulnerabilidades. Es muy común que esta revisión se realice en base a metodología concreta de auditoría como puede ser *ISSAF*, *OWASP* u otras.

Conocimiento y privilegios

Por último, en función del nivel de conocimiento sobre el sistema de información y del nivel de privilegios, se diferencian tres tipos de enfoque: caja negra, caja gris y caja blanca.

La evaluación en caja negra simula a un atacante externo, sin conocimiento de la implementación del sistema información, sin credenciales de acceso y que únicamente puede verificar la E/S del sistema de información.

La evaluación en caja blanca por contra es una revisión en la que se actúa como personal IT que tiene un conocimiento detallado y completo del sistema de información, que cuenta con credenciales de acceso al sistema, que puede revisar si existe el código fuente, que dispone de acceso completo a logs, …

Por último, a medio camino entre ambas aproximaciones está lo que se conoce como revisión en caja gris donde se dan características de ambos entornos: el conocimiento del sistema es elemental, no se conocen detalles concretos de implementación, no se dispone de código fuente, en caso de tenerlo se dispone de un acceso básico al sistema, sin privilegios administrativos y, en el mejor de los casos, se dispone de acceso a los logs del sistema.

La *[figura 1-9]* resume las tres tipologías comentadas.

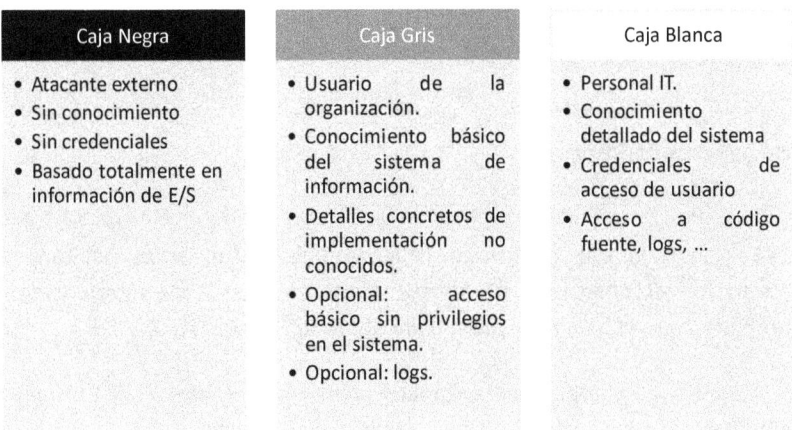

Figura 1-9

Conclusión

Como hemos visto el concepto de *prueba de seguridad* se divide realmente en 18 subtipos de pruebas distintos, según los 3 parámetros que hemos comentado. La *[figura 1-10]* resume y sintetiza estas subdivisiones.

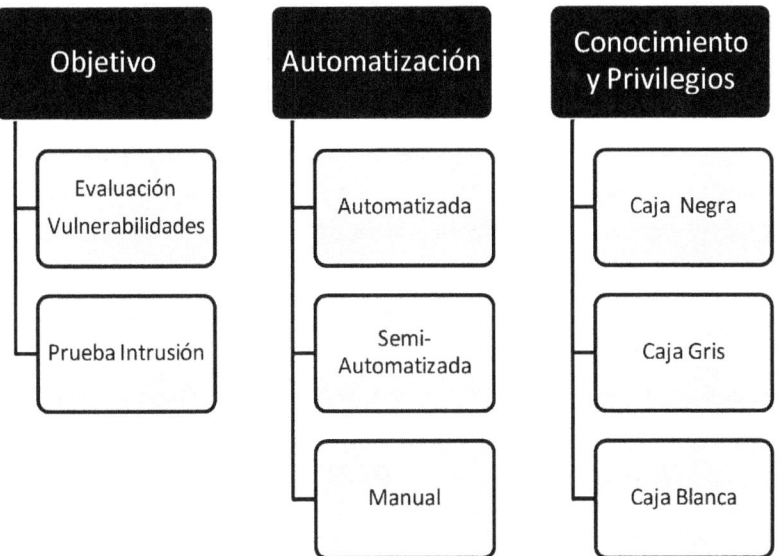

Figura 1-10

1.5 | IDEAS ADICIONALES

No hay varitas mágicas

Puede ser tentador imaginar que existe un determinado software, que aunque sea muy costoso, es capaz de pulsando un botón realizar una evaluación automatizada de la seguridad del sistema de información y proporcionarnos un informe detallado del estado del sistema.

Sin embargo, desengáñate, eso no existe. ¿El software automatizado de evaluación de vulnerabilidades es útil? Sí. ¿El software automatizado de evaluación de vulnerabilidades ayuda y simplifica el trabajo? Sí. Pero no más. Las herramientas automatizadas deben ser vistas como el primer paso para obtener una revisión rápida y sistemática de las vulnerabilidades más evidentes, pero en la amplia mayoría de situaciones será un resultado incompleto.

En general, las herramientas automatizadas responden aceptablemente a la identificación de vulnerabilidades derivadas de insuficiencias en la validación de la entrada de usuario: XSS, SQLinjection, etc. Así como a la detección de errores de configuración.

Sin embargo, su respuesta es mucho menos satisfactoria en las vulnerabilidades derivadas de errores en la lógica del aplicativo y de insuficiencias en los procesos de autenticación y, sobre todo, de autorización.

A vueltas con los usuarios y modelo de capas

En los tiempo que corren, donde la evolución hacia sistemas cuya interacción con el usuario es "100% web" avanza imparable, ha hecho que en consecuencia la revisión de la seguridad del sistema de información se focalice, primordialmente, en la web.

No obstante, aunque esto puede ser más o menos acertado para usuarios externos del sistema, los cuales es posible que mayoritariamente interactúen con servicios web, los usuarios internos cuentan con acceso a otras muchas capas.

Un usuario interno de la organización contará con acceso a la capa de red, y a otros servicios internos: directorio activo, recursos de red compartidos, etc.

Por tanto, a la hora de plantear pruebas de seguridad, debemos tener muy en cuenta qué tipo de usuario queremos simular y por tanto qué servicios debemos evaluar.

Es un error pensar que la web lo es todo. La web es muy importante, cierto. La web es el servicio más expuesto, cierto.

Pero un atacante, si encuentra una web difícilmente vulnerable, no va a tener problemas en buscar otro servicio menos costoso de vulnerar.

Usuarios externos	Usuarios Internos
• Servicios Web Públicos • Servicio DNS • Servicio Correo	• Servicios Web Públicos • Servicios Web Privados • Servicio DNS • Servicio Correo • Servicio Ficheros • Servicio Directorio • Servicio Red Interna • Servicio Red WIFI • Servicio VoIP • Servicio VPN • Servicio ...

Figura 1-11

VULNERABILIDADES | 2

Después de la introducción a las generalidades del proceso, en este segundo capítulo toca analizar el conjunto de vulnerabilidades más comunes que podemos encontrar en un sistema de información.

Para la catalogación hemos utilizado una mezcla de las metodologías OWASP e ISSAF, sin embargo, ninguna catalogación es perfecta y en algunos casos la categoría padre podría ser discutible.

No obstante, para nuestro propósito, la catalogación no debe quitarnos el sueño. Si fuésemos a vender nuestros servicios quizá tuviese más importancia. Pero en el ámbito interno nadie va a *pelear* por si un una vulnerabilidad CSRF es un error de autenticación o de autorización.

Lo prioritario debe ser entender cada una de las vulnerabilidades expuestas, conocer cuál es la efectividad de las suites automatizadas en la detección de cada una, conocer cómo podemos verificar su existencia de forma manual, y en caso de que exista la vulnerabilidad saber cuál es la recomendación general para su corrección.

Ni que decir tiene que este capítulo es fundamental para poder continuar avanzando en el libro. Por ello se recomienda una lectura pausada y la investigación personal de aquellas vulnerabilidades que no terminen de quedar claras.

Los contenidos que se verán en el capítulo son los siguientes:

- **Vulnerabilidades en la configuración.** A este tipo de errores corresponden los que se presentan por configuraciones deficientes de la infraestructura IT, tanto web, como no web.

- **Vulnerabilidades en la lógica de negocio.** La lógica de negocio es la posibilidad por parte del usuario de realizar acciones que van en contra de las especificaciones funcionales del servicio o aplicativo.

- **Vulnerabilidades en la autenticación.** Las vulnerabilidades en la autenticación recogen todas aquellas deficiencias que pueden permitir a un usuario el acceso no autorizado a la aplicación suplantando la identidad de otro usuario.

- **Vulnerabilidades en la autorización.** Las vulnerabilidades de autorización son aquellas que permiten a un usuario realizar acciones que están por encima de su nivel de privilegio.

- **Vulnerabilidades en la validación.** Las vulnerabilidades de validación corresponden, sin duda, al más amplio de todos los grupo de vulnerabilidades, en él se recogen todas aquellas vulnerabilidades que se producen a partir de la malformación de las peticiones que provienen del usuario y que tienen como consecuencia el impacto sobre algunas de las dimensiones de la seguridad.

- **Tabla Resumen**. Donde se repasarán todas las vulnerabilidades y la utilidad de los mecanismos automatizados en la detección de las mismas.

2.1 | Vulnerabilidades en la configuración

La evaluación de la infraestructura que sustenta los servicios y aplicativos mostrará los errores de configuración que impactan en las dimensiones de la seguridad de la información.

Errores configuración SSL

- **Descripción:** SSL y TLS son dos protocolos que proporcionan canales seguros para la protección de la confidencialidad y la autenticidad sobre la información transmitida.

    Esta prueba verifica la utilización de algoritmos de cifrado robustos y considerados seguros. A efectos prácticos se considerarán cifrados robustos todos los equivalentes a TLS 1.1 o superior con uso de clave privada AES128 y función de hashing SHA1. Además, se verificará que no se permite la conexión con algoritmos considerados inseguros.

- **Suite automatizada:** Sí. Esta prueba se encuentra incluida en los escáneres de vulnerabilidades de servicios de red más comunes: OpenVAS, Nessus o Nexpose.

- **Verificación Manual:** Manualmente se puede realizar la verificación mediante el uso del comando openssl o mediante el uso del script *testssl.sh (https://testssl.sh/)*

- **Corrección:** En caso de existir esta vulnerabilidad la recomendación es inhabilitar en la configuración las implementaciones de SSL consideradas vulnerables. Recomendándose en aquellos casos que sea posible el uso de TLS1.2

⬟ **EJEMPLO 2-1 - Conexión forzada mediante SSLv2**

El siguiente ejemplo muestra el uso del comando openssl para establecer una conexión mediante SSLv2 a un servicio.

En este caso el servicio rechaza la conexión mediante el protocolo inseguro SSLv2.

```
$ openssl s_client -no_tls1_1 -no_tls1_2 -no_tls1 -no_ssl3 -connect server:443

CONNECTED(00000003)
139690903496384:error:14077102:SSL routines:SSL23_GET_SERVER_HELLO:unsupported protocol:s23_clnt.c:714:
---
no peer certificate available
---
No client certificate CA names sent
---
SSL handshake has read 7 bytes and written 225 bytes
---
New, (NONE), Cipher is (NONE)
Secure Renegotiation IS NOT supported
Compression: NONE
Expansion: NONE
---
```

Figura 2-1

Errores configuración DB Listener

- **Descripción:** El Listener de Oracle es un proceso que actúa como servicio de red esperando las peticiones desde clientes remotos. Una incorrecta configuración puede permitir desde denegaciones de servicio, enumeración de información o en el peor de los casos accesos no autorizados a la base de datos.

  El receptor Oracle escucha en los puertos 1521, 2483 y 2484 dependiendo de la configuración de Oracle.

- **Suite automatizada:** Sí. Esta prueba se encuentra incluida en los escáneres de vulnerabilidades de servicios de red más comunes: OpenVAS, Nessus o Nexpose.

- **Verificación Manual:** Manualmente puede ser verificado mediante el uso de nmap y el proceso LSNRCTL disponible en las instalaciones cliente de Oracle.

- **Corrección:** Se recomienda seguir la guía de protección propuesta por Oracle, garantizando la existencia de una password robusta en el acceso al listener, así como limitar su exposición a ataques externos. En Oracle11g la autenticación ha pasado a ser delegada al SO.

↘ **EJEMPLO 2-2 - Uso de NMAP para obtener SID Oracle**

El ejemplo muestra el uso de nmap y del script *oracle-sid-brute* para realizar un ataque por fuerza bruta y el descubrimiento del SID de la base de datos aprovechando la existencia de un listener inseguro.

```
nmap --script oracle-sid-brute --script-args oraclesids=sids.txt -sV -p1521 192.168.1.25

Nmap scan report for 192.168.1.25 (192.0.1.25)
PORT     STATE SERVICE    VERSION
1555/tcp open  oracle-tns Oracle TNS Listener
| oracle-sid-brute:
|_  ORADB
```

FIGURA 2-2

Errores en la configuración de la infraestructura web y no-web

Información de depuración o de versiones

- **Descripción:** La existencia de trazas de depuración o excesiva información de versiones puede ser entendida como una fuga de información que puede facilitar al atacante el acceso no autorizado al sistema.

Esta prueba requiere de la revisión de las respuestas en texto plano (RAW) sin interpretar por clientes intermedios ofrecidas por el servicio. En el caso de servicios HTTP identificaremos cabeceras u otros fragmentos de información.

- **Automatización:** Sí. Esta prueba se encuentra incluida de forma común en multitud de herramientas automatizadas, tanto web como no web.

- **Verificación Manual:** Su ejecución manual requiere, en el caso web, del uso de un proxy de auditoría y en el caso no-web de comunicación directa con el servicio (nc/telnet/etc).

- **Corrección:** Todo servicio en producción debe eliminar la información de depuración y la excesiva información sobre versionado. Las configuraciones de los servicios, habitualmente, tienen parámetros para limitar este tipo de información.

↘ **EJEMPLO 2-3 - Información de errores**

El ejemplo recoge un caso frecuente en configuraciones incorrectas de PHP donde se muestra, como parte de la página web recibida, información de errores y avisos.

```
Warning: fopen(fichero.txt) [function.fopen]: failed to open stream: No such file or directory in /home/.../ejemplo.php on line 2
```

Figura 2-3

Servicios desactualizados y vulnerables

- **Descripción:** La existencia de servicios desactualizados permite el aprovechamiento de vulnerabilidades públicas por parte de atacantes.

Esta prueba requiere de la revisión de las respuestas en texto plano (RAW) sin interpretar por clientes intermedios ofrecidas por el servicio. En el caso de servicios HTTP identificaremos cabeceras, comentarios HTML u otros fragmentos de información anómala.

- **Suite automatizada:** Parcial. Esta prueba se encuentra incluida de forma común en multitud de herramientas automatizadas, tanto web como no web. Se recuerda, no obstante, que numerosos fabricantes, principalmente de distribuciones Linux, aplican parches de seguridad sobre versiones que no tiene por qué ser la última versión existente del producto. Por tanto, a la hora de emitir valoración se recomienda verificar el nivel de parcheo del sistema.

- **Verificación Manual:** Su ejecución manual requiere, en el caso web, del uso de un proxy de auditoría y en el caso no-web de comunicación directa con el servicio (nc/telnet/etc).

- **Corrección:** La medida de corrección, en caso de confirmarse la falta de actualización de seguridad, es la actualización del servicio a la versión corregida.

↘ **EJEMPLO 2-4 - Información de versiones**

El ejemplo muestra el uso de un proxy de auditoría para identificar las versiones proporcionadas por la cabecera *Server* en un servicio web Apache.

Nombre de cabecera recibida	Valor de cabecera recibida
Status	OK - 200
Date	Wed, 02 Jul 2008 08:11:38 GMT
Server	Apache/2.2.6 (Unix) mod_ssl/2.2.6 OpenSSL/0.9.8f DAV/2 PHP/5.2.5
X-Powered-By	PHP/5.2.5
Keep-Alive	timeout=15, max=100
Connection	Keep-Alive
Transfer-Encoding	chunked
Content-Type	text/html

FIGURA 2-4

Herramientas de admón. accesibles

- **Descripción:** La existencia de herramientas de administración accesibles de forma general puede permitir a un atacante ampliar sus posibilidades de explotación: vulnerabilidades conocidas, usuarios débiles, ...

  Esta prueba requiere del uso de fuerza bruta para realizar el descubrimiento de los puertos o de las ubicaciones donde se encuentran instaladas las herramientas administrativas.

- **Suite automatizada:** Sí, pero con resultado no determinista. Esta prueba se encuentra incluida de forma común en multitud de herramientas automatizadas, tanto web como no web.

- **Verificación Manual:** En el caso de servicios de red se utilizará nmap para la identificación de puertos y servicios. En el caso de servicios web se puede hacer uso de *nikto/wikto* u otro sistema de *crawling* que permita ataques híbridos a rutas conocidas y permutaciones de las mismas por fuerza bruta.

- **Corrección:** Las herramientas administrativas deben tener limitado su acceso y visibilidad. Por tanto se recomienda filtrar desde que direcciones IP son accesibles e implementar mecanismos de autenticación HTTP que impidan el acceso directo a las mismas.

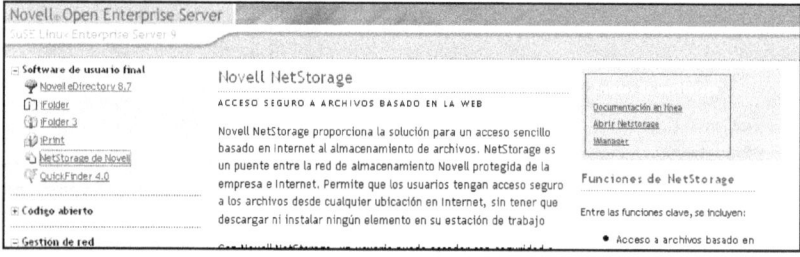

Figura 2-5

Errores en la configuración de servicios web

Archivos y funcionalidades de ejemplo

- **Descripción:** La existencia de archivos y funcionalidades de ejemplo de forma general puede permitir a un atacante ampliar sus posibilidades de explotación: vulnerabilidades conocidas, ejemplos inseguros, ...

    Esta prueba requiere del uso de fuerza bruta para realizar el de las ubicaciones donde se encuentran instalados los ficheros de ejemplo. El éxito es variable en función de lo común de las rutas usadas.

- **Suite automatizada:** Sí, pero con resultado no determinista. La prueba se encuentra incluida de forma común en multitud de herramientas automatizadas de análisis web: w3af, skipfish, vega, etc.

- **Verificación Manual:** Se puede hacer uso de *nikto/wikto* u otro sistema de *crawling* que permita ataques híbridos a rutas conocidas y permutaciones de las mismas por fuerza bruta.

- **Corrección:** La recomendación general es la eliminación de cualquier archivo o funcionalidad de ejemplo existente en los aplicativos web.

Comentarios y otra información sensible

- **Descripción:** La existencia de comentarios con cualquier tipo de información sensible (ip's, nombres de usuario, identificadores numéricos, ...) en el código no ejecutable de los aplicativos web puede ser entendida como una fuga de información que puede facilitar al atacante el acceso no autorizado al sistema.

    Esta prueba requiere de la revisión de las respuestas en texto plano (RAW) sin interpretar por el navegador.

- **Suite automatizada:** Sí. La prueba se encuentra incluida de forma común en multitud de herramientas automatizadas de análisis web: w3af, skipfish, vega, etc.

- **Verificación Manual:** Su ejecución manual requiere, en el caso web, del uso de un proxy de auditoría o de la comprobación del código HTML devuelto por cada petición en el navegador.

- **Corrección:** Se recomienda limitar la información proporcionada en comentarios. En líneas generales se recomienda la eliminación de comentarios de las versiones de producción de los aplicativos. En caso de no ser posible, se recomienda suprimir cualquier referencia a direcciones ip, nombres de usuario, sistemas de autenticación, etc.

Archivos obsoletos o versiones backup.

- **Descripción:** La existencia de versiones de backup o de versiones obsoletas de ficheros puede permitir a un atacante el acceso a información no autorizada o el aprovechamiento de vulnerabilidades ya parcheadas.

    Esta prueba requiere del uso de fuerza bruta sobre extensiones de fichero para realizar el descubrimiento de nombres de ruta alternativos a los conocidos donde se localicen los archivos antiguos.

- **Suite automatizada:** Sí, pero con resultado no determinista. La prueba se encuentra incluida con mayor o menor alcance en multitud de herramientas automatizadas de análisis web: w3af, skipfish, vega, etc.

- **Verificación Manual:** Se puede hacer uso de *nikto/wikto* u otro sistema de *crawling* que permita ataques híbridos a rutas conocidas y permutaciones de las mismas por fuerza bruta.

- **Corrección:** La recomendación general es la eliminación de cualquier fichero de backup u otros archivos obsoletos del sistema de producción.

⇘ **EJEMPLO 2-5 - Ficheros de backup**

El ejemplo muestra el uso de *socat* para verificar la existencia de un fichero de backup.

```
~# socat - SSL:192.168.1.25:443,verify=0
HEAD /cgi-bin/postman.bak HTTP/1.0
Host: myhost.local

HTTP/1.1 200 OK
Date: Thu, 19 Jun 2008 19:40:29 GMT
Server: Apache
Pragma: no-cache
```

FIGURA 2-6

Acceso a ficheros con extensiones no-web.

- **Descripción:** La existencia de ficheros con extensiones fuera de las habituales en la navegación web (html, php, jsp, asp, ...) puede implicar la existencia de fugas de información.

  Esta prueba requiere del uso de fuerza bruta sobre nombres y extensiones de fichero para realizar el descubrimiento de su existencia.

- **Suite automatizada:** Parcial. Esta prueba puede formar parte por defecto de la fase de spidering de herramientas automatizadas de evaluación de vulnerabilidades.

- **Verificación Manual:** Se puede hacer uso de *nikto/wikto* u otro sistema de *crawling* que permita ataques híbridos a rutas conocidas y permutaciones de las mismas por fuerza bruta.

- **Corrección:** La recomendación general es la eliminación de cualquier fichero innecesario del servidor web. Así mismo se recomienda limitar el acceso a cualquier extensión de fichero que se pueda considerar potencialmente capaz de contener información sensible (.inc, .bak, .old, ...)

Indexación de directorios

- **Descripción:** La indexación de directorios permite el acceso a todo el contenido bajo un determinado directorio del árbol web, permitiendo a un atacante el acceso a información sensible, así como a controladores y otros elementos del aplicativo.

- **Suite automatizada:** Sí. Esta prueba está incluida en la mayoría de herramientas automatizadas de evaluación de vulnerabilidades web.

- **Verificación Manual:** La ejecución manual de la prueba únicamente requiere de acceso a un navegador. No obstante, el uso de mecanismos de fuerza bruta o de listas de nombres comunes de directorio, puede permitir el descubrimiento de directorios no públicos.

- **Corrección:** Se recomienda, por defecto, inhabilitar la indexación de directorio en los servicios web. Únicamente se habilitará para aquellos directorios que, por su utilidad, lo demanden.

↘ **EJEMPLO 2-6 - Indexación de directorios**

El ejemplo muestra el caso de un directorio indexable en Apache.

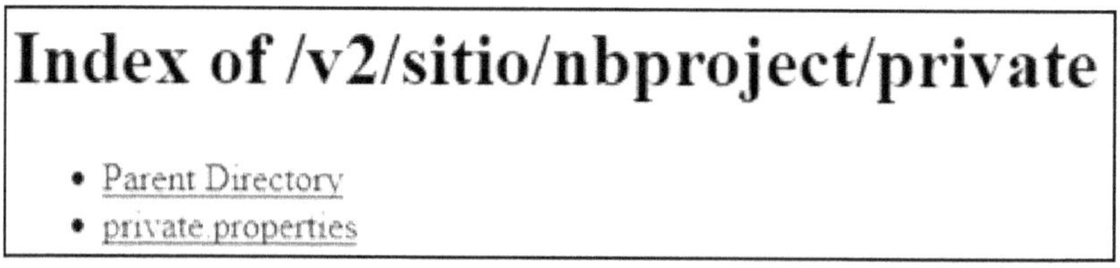

Index of /v2/sitio/nbproject/private

- Parent Directory
- private.properties

FIGURA 2-7

Control de métodos HTTP

- **Descripción:** La navegación web, de forma general hace uso de los métodos GET y POST del protocolo HTTP. La existencia de otros métodos puede derivar en la construcción de ataques más o menos sofisticados que pueden permitir, en el peor de los casos, el acceso no autorizado a recursos.

    Concretamente, en caso de que existan zonas de acceso restringido a determinados métodos HTTP se debe verificar que la limitación es correcta y efectiva, no permitiéndose el acceso a métodos no deseados.

    Así mismo se debe extremar la precaución del uso del métodos asociados a DAV, como por ejemplo PUT. Controlando los usuarios desde los que se tiene acceso y las zonas donde es posible escribir.

- **Suite automatizada:** No muy común. Este tipo de vulnerabilidades están incluidas parcialmente en algunas herramientas automatizadas como, por ejemplo, w3af.

- **Verificación Manual:** La ejecución manual de la prueba se realiza mediante comunicación directa con el servidor web mediante el uso de *nc/telnet*.

- **Corrección:** Se recomienda el filtrado de métodos distintos a GET y POST, así como la correcta configuración de las directivas de control de acceso a servicios web.

⇘ **EJEMPLO 2-7 - Métodos HTTP**

El ejemplo muestra el uso incorrecto de la directiva LIMIT en un fichero *htaccess* de Apache, limitando el acceso únicamente a métodos GET, lo que permite el uso de otros métodos y la evasión del control de acceso.

```
$ cat .htaccess
AuthType Basic
AuthName Private
AuthUserFile /etc/httpd/pass/private
<LIMIT GET>
require valid-user
</LIMIT>

$ telnet localhost 80
GET /private/index.html HTTP/1.0
HTTP/1.1 401 Authorization Required
POST /private/index.html HTTP/1.0
HTTP/1.1 200 OK
<html><head></head><body>¡No deberías ver esto!</body></html>
```
Figura 2-8

2.2 | Vulnerabilidades en la lógica de negocio

La lógica de negocio en un aplicativo agrupa dos conceptos:

- Reglas funcionales de la aplicación que expresan las situaciones que son aceptables (P.ej. no permitir la existencia de productos con valor 0 o no permitir la reserva de algo que ya se encuentra reservado).

- Flujos de trabajo en el aplicativo que representan un conjunto de tareas ordenadas (P.ej. un proceso de compra debe pasar por un conjunto obligatorio de pasos: creación del pedido, la obtención de datos personales, el pago del pedido y la finalización de la orden de compra).

- **Descripción:** Las vulnerabilidades en la lógica de negocio implican la posibilidad de alterar estas reglas o estos flujos de trabajo en beneficio del atacante.

- **Suite automatizada:** No. Este tipo de vulnerabilidad no pueden ser detectada mediante análisis automatizado.

- **Verificación Manual:** Variable para cada situación. Como ejemplo de este tipo de vulnerabilidades en la *[figura 2-9]* se muestra un ejemplo de aplicación de reserva donde el usuario ha conseguido evadir el límite de préstamos máximo, llegando a una situación incongruente: tiene 3 objetos en préstamo de siendo el máximo 2.

- **Corrección:** Variable para cada situación.

➘ EJEMPLO 2-8 - Errores en la lógica de negocio

El ejemplo muestra el caso de una aplicación real de préstamo electrónico de libros evaluada hace un tiempo donde era posible alterar la lógica de negocio llevando a la aplicación a situaciones como las que muestra la **[figura 2-9]**.

En ella se ve una situación incoherente: el límite de préstamo había sido sobrepasado; y la aplicación ante la reserva normal de un nuevo libro informaba de que disponíamos de 3 libros en préstamo sobre un límite de 2.

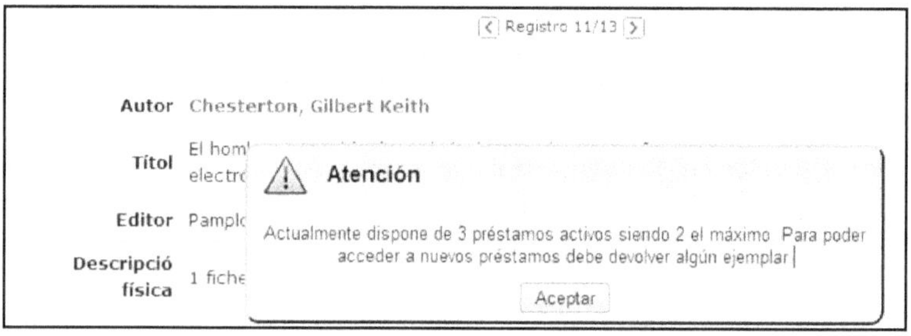

FIGURA 2-9

2.3 | VULNERABILIDADES EN LA AUTENTICACIÓN

Las vulnerabilidades en la autenticación son aquellas que pueden permitir bajo determinadas circunstancias a un usuario malintencionado el acceso al servicio sin poseer unas credenciales de acceso válidas.

Transmisión de credenciales por canal cifrado

- **Descripción:** El envío de credenciales de autenticación mediante el uso de protocolo en texto plano HTTP puede permitir a cualquier atacante que escuche en el canal de comunicación (p.ej. redes *wireless* públicas) el acceso a las credenciales de usuario.

- **Suite automatizada:** Sí. Esta prueba está incluida en la mayoría de herramientas automatizadas de evaluación de vulnerabilidades.

- **Verificación Manual:** La ejecución manual de la prueba requiere de la conexión al servicio y de la verificación mediante un canal cifrado de las credenciales. Una herramienta uniforme para la verificación puede ser *Wireshark* mediante la captura del tráfico saliente y la comprobación de la existencia o no de credenciales en él.

- **Corrección:** La recomendación general es que, siempre que se pueda, toda la comunicación con el usuario (y no sólo el envío de credenciales) se realice mediante el uso de un canal cifrado.

Posibilidad de enumeración de usuarios

- **Descripción:** La respuesta proporcionada por los servicios, tanto web, como no web, puede servir para identificar la existencia de usuarios en el sistema siempre que exista algún tipo de patrón lógico que diferencie la respuesta.

  El más evidente es que ante un usuario que existe muestre un mensaje de tipo *contraseña incorrecta,* mientras que ante un usuario que no existe muestre un mensaje de tipo *usuario incorrecto.*

Esta prueba requiere del uso de fuerza bruta para la enumeración de usuarios en base a la existencia de listas de los mismos y a posibles permutaciones o variaciones sobre sus nombres.

- **Suite automatizada:** No es frecuente encontrar esta prueba incluida en las herramientas de análisis de vulnerabilidades más comunes.

- **Verificación Manual:** Inicialmente se requiere la evaluación manual de la respuesta del servicio para identificar la existencia de posibles diferencias lógicas en la respuesta. Se recomienda el uso de un servicio proxy de auditoría en el caso web y de conexión directa al servicio en otros casos.

    Para la explotación efectiva es necesario del uso de herramientas específicas como THC Hydra que permiten proceso de autenticación masivos.

- **Corrección:** La recomendación general es únicamente mostrar un mensaje genérico cuando se produzcan errores en el proceso de autenticación.

Usuarios por defecto

- **Descripción:** La existencia de usuarios por defecto puede facilitar a los atacantes desde información sobre la existencia de una cuenta a acceso con diferentes grados de privilegio al sistema en caso de que además del usuario por defecto se mantenga la contraseña por defecto.

- **Suite automatizada:** No es frecuente encontrar esta prueba por defecto incluida en las herramientas de análisis de vulnerabilidades más comunes. Algunas herramientas permiten su configuración específica para hacer pruebas de autenticación con usuarios por defecto.

- **Verificación Manual:** Se requiere hacer uso de herramientas como THC Hydra o Brutus para la verificación de listas de usuarios conocidas.

- **Corrección:** La recomendación general es inhabilitar los usuarios por defecto no permitiendo el acceso con ellos y crear cuentas administrativas adicionales con identificadores no conocidos en el sistema.

Autenticación por fuerza bruta

- **Descripción:** La inexistencia de límites en el proceso de autenticación, permitiendo ser repetido tantas veces el usuario desee y sin limitación de tiempo entre pruebas puede facilitar los ataques por fuerza bruta al sistema.

    Otra variante es el uso de una única contraseña de acceso sobre un conjunto amplio de usuarios.

- **Suite automatizada:** No es frecuente encontrar esta prueba por defecto incluida en las herramientas de análisis de vulnerabilidades más comunes. Algunas herramientas permiten su configuración específica para hacer pruebas de autenticación por fuerza bruta.

- **Verificación Manual:** Se requiere hacer uso de herramientas como THC Hydra o Brutus para la prueba de autenticación por fuerza bruta.

- **Corrección:** La recomendación general es no permitir más de un número de procesos de autenticación erróneos en un periodo de tiempo. Adicionalmente no debe permitir más de un número de procesos de autenticación erróneos, independientemente del usuario, desde una IP dada.

Evasión del proceso de autenticación

- **Descripción:** La evasión del proceso de autenticación es un error que se produce de forma indirecta a partir de la existencia de otros errores:

    - Deficiencias en el proceso de autorización (petición directa)
    - Falta de validación de parámetros (SQLi, LDAPi, ...)
    - Gestión incorrecta de sesión (id o parámetros predecibles, ...)

- **Suite automatizada:** No. Esta prueba es consecuencia de la existencia de otras vulnerabilidades previas.

- **Verificación Manual:** Variable en función del error que habilite la evasión del proceso de autenticación.

- **Corrección:** Variable en función del error que habilite la evasión del proceso de autenticación.

↘ **EJEMPLO 2-9 - Identificadores de sesión débiles**

El ejemplo muestra el caso de una aplicación donde la generación del ID de sesión es predecible debido a que no se usa un PRNG (generador de números aleatorios) robusto, sino una algoritmo débil.

Un análisis de varios identificadores de sesión permite, por tanto, ser capaces de predecir tanto los anteriormente generados, como los que se generarán posteriormente.

En caso de que el identificador de sesión sea el único mecanismo de control de sesión, esto llevará a la posibilidad de suplantación de usuarios.

Session Identifier :	127.0.0.1/WebGoat WEAKID	
Date		Value
2006/11/11 14:33:27	12430	11632520 7029
2006/11/11 14:33:27	12431	11632520 7138
2006/11/11 14:33:27	12432	11632520 7247
2006/11/11 14:33:27	12433	11632520 7435
2006/11/11 14:33:27	12434	11632520 7544
2006/11/11 14:33:27	12435	11632520 7653
2006/11/11 14:33:27	12436	11632520 7763
2006/11/11 14:33:27	12437	11632520 7872
2006/11/11 14:33:28	12438	11632520 7982
2006/11/11 14:33:28	12439	11632520 8091
2006/11/11 14:33:28	12440	11632520 8200
2006/11/11 14:33:28	12442	11632520 8310
2006/11/11 14:33:28	12443	11632520 8419
2006/11/11 14:33:28	12444	11632520 8528
2006/11/11 14:33:28	12445	11632520 8638
2006/11/11 14:33:28	12446	11632520 8747
2006/11/11 14:33:28	12447	11632520 8857
2006/11/11 14:33:28	12448	11632520 8966
2006/11/11 14:33:29	12449	11632520 9075

FIGURA 2-10

Deficiencias en la recuperación de contraseñas

- **Descripción:** La existencia de debilidades en el proceso de recuperación de contraseñas puede permitir la recuperación de la credenciales de un usuario por parte de un atacante.

- **Suite automatizada:** No.

- **Verificación Manual:** Variable en función del servicio.

- **Corrección:** La recuperación de contraseñas debe llevarse a cabo por un canal diferente al usado para su solicitud (correo electrónico adicional, sms, ...). La recuperación de contraseña debe contar con un proceso de verificación en tres pasos: envío de solicitud, envío de confirmación, confirmación de recuperación.

Deficiencias en la gestión de sesiones de usuario

- **Descripción:** Bajo este epígrafe se agrupan un conjunto de deficiencias en la gestión de sesiones de usuario que pueden derivar en una evasión del proceso de autenticación o en un acceso no autorizado a una aplicación haciendo uso de las credenciales de otro usuario.

Los errores más frecuentes en la gestión de sesiones de usuario son los siguientes:

- o **Cookies con cadenas de autenticación o predecibles:** Este error se da en el protocolo HTTP cuando la cookie almacena las cadenas de autenticación de la aplicación (usuario/contraseña) o cuando los identificadores generados son predecibles.

- o **Cookies con atributos inseguros:** Las cookies no tienen definidos o los tienen de forma incorrecta los atributos *secure*, *HttpOnly*, *domain*, *path* y *expires*.

- o **Ataques por fijación de sesión:** No se renueva el ID de sesión tras el proceso de autenticación. Esto puede permitir bajo circunstancias específicas, generalmente en sistemas de uso compartido, un usuario malintencionado con una sesión conocida, fuerce a otro usuario a usar el mismo identificador de sesión aprovechando de esta forma el acceso.

- o **Exposición de identificadores de sesión:** Envío de identificadores de sesión como parte de las peticiones sin cifrado o como parte de peticiones que quedan almacenadas en ficheros de logs (p.ej. en HTTP GET)

- **Suite automatizada:** Compleja. No es frecuente que las herramientas automatizadas detecten correctamente estas deficiencias.

- **Verificación Manual:** Se requiere del uso de un proxy de auditoría que permita la comprobación de las peticiones entre el cliente y el servidor.

- **Corrección:** Los identificadores de sesión de usuario deben ser únicos, no predecibles, se deben renovar ante cada inicio de sesión, deben ser transmitidos siempre por canales seguros y deben extremarse las precauciones de almacenamiento en el sistema local.

Deficiencias en el cierre de sesión

- **Descripción:** La existencia de deficiencias en el cierre de sesión puede permitir a un usuario malintencionado que haga uso del navegador posteriormente al usuario legítimo el acceso a la sesión del usuario o la recuperación de información cacheada.

- **Suite automatizada:** No.

- **Verificación Manual:** Por un lado se debe comprobar que la sesión de usuario se ha cerrado de forma efectiva reintentando la conexión al servicio. Si se usa algún tipo de mecanismo de persistencia de sesión en protocolos sin estado (p.ej. HTTP) se debe verificar que el anterior identificador de sesión ya no es válido mediante el uso de un proxy de auditoría.

  Adicionalmente se debe comprobar que, en caso de usar mecanismos de caché locales, no se ha almacenado en ella información sensible.

- **Corrección:** La sesión del usuario debe finalizar de forma correcta y en caso de usarse mecanismos de fijación de sesión en protocolos sin estado, los identificadores de sesión no deben reutilizarse. Así mismo, transcurrido un tiempo máximo, la sesión debería finalizar automáticamente. Por último, en la caché local, no se debe almacenar información sensible. En el caso de protocolo HTTP existe una directiva "no-cache" para evitar que el navegador almacene ciertos tipos de página.

Deficiencias en la implementación de códigos CAPTCHA

- **Descripción:** La existencia de deficiencias la gestión de CAPTCHAS puede permitir a un usuario malintencionado la ejecución masiva de acciones sobre el sistema: registro de usuarios, comentarios, ...

- **Suite automatizada:** Posible. No incluida en herramientas de evaluación automatizada de vulnerabilidades. Existen herramientas específicas para verificar la robustez de las imágenes generadas.

- **Verificación Manual:** Los aspectos a verificar son varios. Por un lado si existe algún tipo de secuencialidad, predictibilidad o información adicional que permita la rotura de los captchas generados. Por otro si los captchas se apoyan en algún tipo de proceso que pueda ser emulado por computador (p.ej. la ejecución de operaciones matemáticas). Finalmente, se recomienda el uso de una herramienta automatizada como PWNtcha.

- **Corrección:** La recomendación general es el uso de CAPTCHAS de probada eficacia como reCAPTCHA u otros.

↘ **EJEMPLO 2-10 - CAPTCHAS vulnerables**

El ejemplo está basado en un caso real. En este caso las imágenes CAPTCHA habían sido pregeneradas y el nombre de fichero usado era el mismo que el texto utilizado como CAPTCHA.

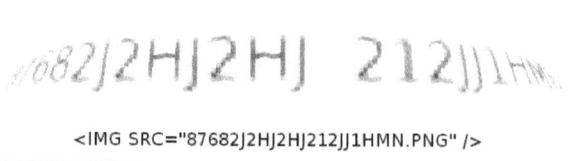

Figura 2-11

2.4 | Vulnerabilidades en la autorización

Cross-Site Request Forgery

- **Descripción:** El Cross-Site Request Forgery (CSRF) es un tipo de ataque híbrido de autorización y autenticación. Su fundamento es la posibilidad que tiene un usuario malintencionado de redirigir a un usuario legítimo a una aplicación en la que se encuentra autenticado realizando una acción que de otra manera no podría ejecutar.

- **Suite automatizada:** Actualmente no existen herramientas automatizadas para la verificación de este tipo de vulnerabilidades.

- **Verificación Manual:** Se realiza mediante el uso de un proxy de auditoría que permita analizar el funcionamiento del servicio e intentar identificar peticiones susceptibles de ser aprovechadas de forma maliciosa. En HTTP serán candidatas prioritarias todas aquellas peticiones GET que realicen acciones sobre los aplicativos. Las peticiones POST también pueden ser aprovechadas para esta finalidad.

- **Corrección:** La recomendación genérica es la inclusión de un parámetro variable en cada petición de usuario, de tal forma que sólo un usuario que legítimamente se encuentre navegando pueda conocer su existencia.

Figura 2-12

Deficiencias de *path* transversal

- **Descripción:** El *path transversal* es un tipo de ataque que consiste en la manipulación de los parámetros provenientes de usuario, concretamente de los utilizados para el acceso a ubicaciones de fichero, tanto locales como remotas, de tal forma que las acciones que originalmente se realizan sobre un fichero puedan ser realizados sobre otros.

    El *path transversal* presenta un impacto particularmente crítico cuando el atacante puede controlar toda la ruta usada, bien porque se reciba en un único parámetro, bien porque existan vulnerabilidades de tipo *null-byte injection* que permitan modificar la cadena.

- **Suite automatizada:** Sí, de tipo indirecto. Dado que el path transversal no deja de ser una deficiencia de validación en la entrada del usuario, la herramientas automatizadas que masivamente realizan pruebas sobre parámetros de usuario es probable que detecten errores de tipo *path transversal* al modificar los parámetros provenientes del usuario.

- **Verificación manual:** La verificación manual requiere del uso de proxy de auditoría o de comunicación directa con el servicio que permita modificar las peticiones habituales realizadas para incluir cadenas que incluyan rutas. Ejemplos típicos son [../../../../], [http://host/file], [file.ext] , [%2e%2e%2f] o [..%c0%af]

- **Corrección:** Se debe proceder a la sanitización de parámetros procedentes de usuario que vayan a ser utilizados en acceso a ficheros serán locales o remotos. Una recomendación genérica es utilizar como parámetros valores alfanuméricos [aZ,0-9] y desechar cualquier otro tipo de petición.

↘ EJEMPLO 2-11 - PATH transversal

El ejemplo está basado en una vulnerabilidad real descubierta en un proceso de revisión sobre el servicio de correo web *Postman*.

La vulnerabilidad necesita de un usuario del *webmail*.

Su explotación se realiza mediante la construcción de un correo electrónico *malformado* en el que los adjuntos tienen por nombre de fichero rutas reales del sistema. Este correo tiene por destinatario el usuario del webmail controlado por el atacante

Una vez que el correo ha sido enviado, al leerlo desde el servicio de de correo web Postman, una vulnerabilidad de path transversal permite el acceso a los ficheros localmente existentes en la máquina a los que el servicio tenga acceso.

En el ejemplo se muestra la lectura de los fichero: *httpd.conf, /etc/passwd, /etc/vsftab* y */etc/motd*.

```
From: "SG6" <sg6@sg6.es>
To: [Undisclosed]
Subject: Lectura Remota de Ficheros en Postman 2.x
Date: Wed, 27 Feb 2008 17:18:21 +0100
MIME-Version: 1.0
Content-Type: multipart/mixed;
        boundary="----=_NextPart_000_0012_01C87964.C5B0FBE0"
[..]
------=_NextPart_000_0012_01C87964.C5B0FBE0
Content-Type: text/plain;
        name="../../../../../../../../usr/local/apache2/conf/httpd.conf"
Content-Transfer-Encoding: 7bit
Content-Disposition: attachment;
        filename="../../../../../../../../usr/local/apache2/conf/httpd.con
f"
httpd.conf
[..]
```

FIGURA 2-13

Evasión del esquema de autorización y escalada de privilegios

- **Descripción:** La evasión del esquema de autorización se da cuando mediante el uso directo de una petición conocida o predecible (p.ej. una URL) se puede acceder a zonas del sistema de información para las que el usuario no tiene privilegios de acceso o no debiera poder acceder (p.ej. por encontrarse aparentemente deshabilitadas).

    Cuando la zona a la que se le permite el acceso además cuenta con privilegios superiores a los que el usuario posee en origen, nos encontramos ante una escalada de privilegios.

    Paralelamente cuando la autorización nos permite alterar el flujo lógico de funcionamiento del aplicativo o las restricciones funcionales, nos encontramos con un ataque a la lógica de negocio.

- **Suite automatizada:** No es un procedimiento automatizable de forma sencilla y no suele ser detectados por herramientas automatizadas puesto que no son capaces de discernir qué es lo que nos debe ser autorizado de forma legítima y qué es lo que no.

- **Verificación manual:** La verificación manual requiere del uso de proxy de auditoría o de comunicación directa con el servicio que permita modificar las peticiones a partir de patrones conocidos, de identificadores incrementales, ...

- **Corrección:** Ante cada petición es obligatorio que el sistema verifique los siguientes aspectos:
    - Si el usuario cuenta con los privilegios necesarios para desarrollar la acción.
    - Si la acción se encuentra activa en el sistema.
    - Si la acción a desarrollar requiere de precondiciones y si estas han sido satisfechas.

Condiciones de carrera

- **Descripción:** La condición de carrera es una característica propia de los sistemas concurrentes que bajo determinadas circunstancias puede ser aprovechada por un atacante para obtener privilegios en el sistema de información.

    Condiciones de carrera pueden existir tantas y tan variadas como situaciones concurrentes se planteen en el sistema de información.

    Un ejemplo, típico, de condición de carrera puede que puede ser aprovechado por un usuario malicioso para ganar privilegios en el sistema es la creación de ficheros temporales con nombres predecibles sobre rutas compartidas localmente (ej. /tmp) o, más peligroso, sobre el árbol web.

    Otras situaciones pueden ser más complejas de detectar y se pueden dar cuando dos usuarios intentan acceder a la misma función al mismo tiempo para realizar acciones que debieran estar coordinadas entre ellas.

    El ejemplo más común es el de transacciones simultáneas en ausencia de mecanismos de control de la concurrencia.

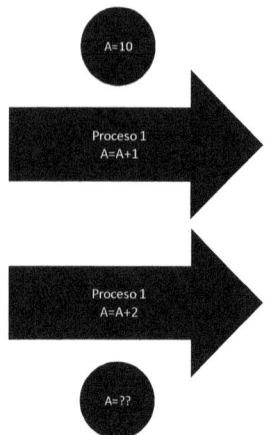

El gráfico de la figura adjunta ejemplifica el problema con una variable global llamada A y dos procesos que realizan diferentes acciones sobre ella.

Al no existir control de concurrencia se pueden dar las siguientes circunstancias: con un 50% de probabilidad A valdrá 13, con un 25% de probabilidad A valdrá 11 y con un 25% de probabilidad A valdrá 12.

- **Suite automatizada:** No existen herramientas que permitan la automatización de esta prueba.

- **Verificación manual:** La verificación manual requiere del uso de proxy de auditoría o de comunicación directa con el servicio que permita modificar las peticiones a partir de patrones conocidos, así como la posibilidad de simular concurrencia. En algunas ocasiones el uso de herramientas para pruebas de carga (P.ej. JMeter) puede ser útil para el descubrimiento de este tipo de errores.

- **Corrección:** En un sistema concurrente donde los usuarios pueden competir por un recurso es necesario:

    o Minimizar el número de recursos por los que compiten, impidiendo en la medida de lo posible la circunstancia. En el caso de funciones de escritura en disco, se usarán preferiblemente ficheros independientes por usuario, con nombre único y aleatorio.

    o En los casos que sea imprescindible el uso de accesos concurrentes a un recurso se debe garantizar la exclusión mutua y la atomicidad de las operaciones que impliquen escritura de información.

2.5 | Vulnerabilidades en la validación

Las vulnerabilidades en la validación son el tipo de error más común y frecuente en los servicios web y no-web.

Este tipo de errores tienen aunque tienen un impacto variable en función de la función en la que se contenga el fallo suelen ser de los errores más graves que existen en un servicio.

Afortunadamente son los errores más sencillos de detectar y los que mejor responden al tratamiento automatizado, junto con los de configuración.

Cross-Site Scripting (XSS)

- **Descripción:** El Cross-Site Scripting es un tipo de ataque sobre el cliente que hace uso de la aplicación. Aunque su uso más frecuente es en aplicativos web, puede presentarse en cualquier aplicación cliente servidor que haga uso de componentes de representación HTML/JS para representar de información: aplicaciones móviles, clientes locales con navegadores incrustados, ...

    En esencia el XSS consiste en que el cliente de la victima interprete código HTML o código JS de tal forma que el usuario pueda obtener acceso a información de la sesión de navegación, lanzar ataques CSRF más sofisticados y finalmente poder suplantar la sesión de usuario.

    Existen dos tipos de ataque XSS: ataques reflejados y ataques almacenados.

    Los ataques reflejados se fundamentan en el envío al servidor de una URL que contienen etiquetas HTML/JS y que el servidor muestra en la salida de la petición.

    En la *[figura 2-15]* se muestra el ejemplo más común donde un parámetro de usuario con código HTML se muestra sin filtrar.

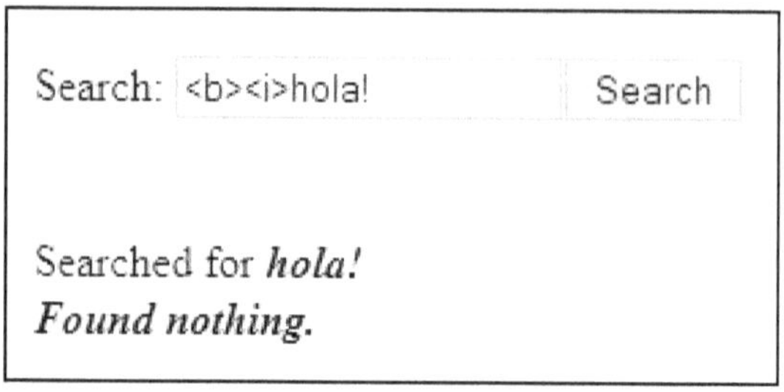

```
Search: <b><i>hola!         Search

Searched for *hola!*
*Found nothing.*
```

FIGURA 2-15

Los ataques almacenados se dan cuando el usuario malicioso puede almacenar datos en el aplicativo, bien sean como parte de su perfil de usuario, bien sea como parte de sus mensajes en foros o en sistemas de comentarios.

En estos casos el código HTML se almacena en el servidor y se muestra a todo usuario que visite el elemento afectado. Por ejemplo, si es el perfil de usuario esto hará que todo usuario que visite el perfil del usuario malicioso pueda ser potencialmente afectado por el vector de ataque XSS.

- **Suite automatizada:** Sí. Éxito elevado. La prueba se encuentra incluida de forma común en multitud de herramientas automatizadas de análisis web: w3af, skipfish, vega, etc.

- **Verificación Manual:** Su ejecución manual requiere, en el caso web, del uso de un proxy de auditoría o de la comprobación del código HTML devuelto por cada petición.

- **Corrección:** Se recomienda limitar el uso de entradas con formatos enriquecidos, filtrando automáticamente cualquier etiqueta HTML y prefiriendo siempre el uso de representaciones alfanuméricas básicas.

SQL Injection (SQLi)

- **Descripción:** Las vulnerabilidad de Inyección SQL permiten alterar el contenido de una consulta SQL ejecutada por el servicio mediante la manipulación de los parámetros provenientes de usuario que son usados como parte de la sentencia SQL.

  El éxito en una inyección SQL permite a un atacante leer datos sensibles de la base de datos, modificar los datos (insertar/actualizar/borrar), evadir procesos de autenticación, realizar operaciones de administración sobre la base de datos (como reiniciar el SGDB), recuperar el contenido de un archivo del sistema de archivos del SGBD y, en algunos casos, ejecutar ordenes en el sistema operativo.

  Existen diferentes tipologías de ataque SQL en función de si se devuelve información directamente al atacante o si este, mediante el uso de peticiones que desencadenan una respuesta lógica bievaluada, es capaz de inferir petición a petición la información almacenada en la base de datos.

- **Suite automatizada:** Sí. Descubrimiento por malformación de peticiones. La prueba se encuentra incluida de forma común en multitud de herramientas automatizadas de análisis web: w3af, skipfish, vega, etc.

- **Verificación Manual:** Su ejecución manual requiere, en el caso web, del uso de un proxy de auditoría o comunicación directa con el servicio que nos permita verificar la información devuelta.

  La técnica más común para verificación manual es la introducción de una comilla simple ['] en los parámetros provenientes de usuario que en caso de alterar la consulta es probable que provoquen un malfuncionamiento de la aplicación. Otras técnicas comunes son la inclusión en los parámetros de las cadenas ' AND

1=1 y *' AND 1=2*. La primera no debe alterar el funcionamiento, mientras que la segunda sí.

- **Corrección:** Se debe validar y sanitizar toda entrada proveniente de usuario, escapando adecuadamente los caracteres especiales SQL que se puedan encontrar contenidos en ella.

Así mismo, siempre que sea posible se recomienda el uso de parámetros numéricos y el rechazo de la petición en caso de que el tipo de dato recibido no sea numérico.

↘ **EJEMPLO 2-12 - Evasión de la autenticación por SQLi**

El ejemplo muestra una de las funcionalidades más básicas de la inyección de SQL: la evasión de un proceso de autenticación.

El uso de la cadena *' OR '1'='1* tanto como nombre de usuario, como contraseña, hace que procesos de autenticación programados de forma poco robusta puedan ser evadidos.

La consulta que provoca la evasión suele ser similar a: *SELECT * FROM usuarios WHERE username='1'* **OR** *'1'='1' AND password='1'* **OR** *'1'='1'*.

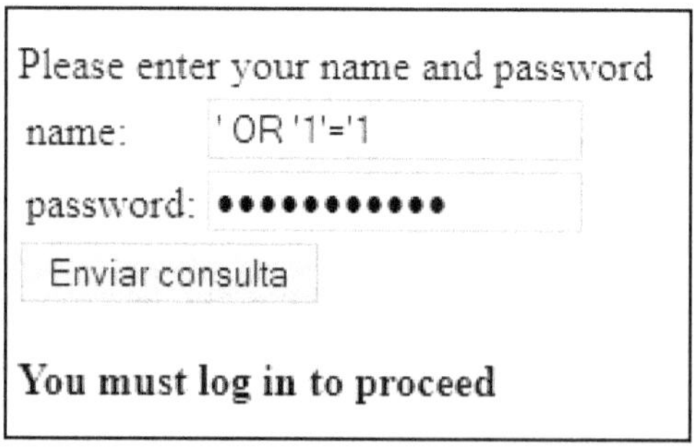

FIGURA 2-16

LDAP Injection (LDAPi)

- **Descripción:** Las vulnerabilidad de Inyección LDAP permiten alterar el contenido de una consulta LDAP ejecutada por el servicio mediante la manipulación de los parámetros provenientes de usuario que son usados como parte de la sentencia LDAP.

  El éxito en una inyección LDAP permite a un atacante leer datos no autorizados del LDAP, evadir restricciones de acceso y en los casos más severos modificar información de la estructura LDAP.

- **Suite automatizada:** Sí. Descubrimiento por malformación de peticiones. La prueba se encuentra incluida de forma común en multitud de herramientas automatizadas de análisis web: w3af, skipfish, vega, etc.

- **Verificación Manual:** Su ejecución manual requiere, en el caso web, del uso de un proxy de auditoría o comunicación directa con el servicio que nos permita verificar la información devuelta.
  La comprobación se realiza mediante la inserción de caracteres especiales LDAP como son *(| & **.

  La idea de explotación es bastante similar a la explotación de SQLi. En este caso lo que se intenta es que los filtros LDAP construidos para consulta beneficien al usuario que los crea.

  Por ejemplo si tenemos un filtro como el siguiente *(cn="+user+")* un usuario malintencionado puede incluir un * si la variable user es recibida desde el usuario y modificar el comportamiento de la aplicación mostrando información sobre todos los usuarios.

- **Corrección:** Se debe validar y sanitizar toda entrada proveniente de usuario, escapando adecuadamente los caracteres especiales LDAP que se puedan encontrar contenidos en ella.

XML/XPath Injection

- **Descripción:** Las vulnerabilidad de Inyección XML/XPath permiten modificar la consulta y parseo de la información contenida en ficheros XML.

    La principal utilidad de las inyecciones de XML/XPath es la evasión de controles de autenticación, la lectura de ficheros y la elevación de privilegios.

- **Suite automatizada:** Sí. Descubrimiento por malformación de peticiones. La prueba se encuentra incluida de forma común en multitud de herramientas automatizadas de análisis web: w3af, skipfish, vega, etc.

- **Verificación Manual:** Su ejecución manual requiere, en el caso web, del uso de un proxy de auditoría o comunicación directa con el servicio que nos permita verificar la información devuelta.

    La comprobación se realiza mediante la inserción de caracteres especiales XPath como son ' " > < <!-- &

- **Corrección:** Se debe validar y sanitizar toda entrada proveniente de usuario, escapando adecuadamente los caracteres especiales XML que se puedan encontrar contenidos en ella.

Inyección de código ejecutable

- **Descripción:** Las vulnerabilidad de inyección de código ejecutable afectan, principalmente, a servidores web y de aplicación con capacidad de ejecución de contenido dinámico (php, asp, jsp, jar, ...) .

    Este tipo de vulnerabilidades se dividen en 3 grandes grupos:

o Inyección de comandos de sistema: se produce cuando una llamada al sistema operativo se crea a partir de información proveniente del usuario. Ejemplos típicos son la concatenación de comandos o el uso de redirecciones.

o Escritura de datos en disco: se produce cuando la información de usuario es escrita en ficheros que por el motivo que sea pueden ser interpretados como código ejecutable por el servidor (por la extensión, porque sean incluidos por el software, ...).

o Subida de ficheros: se produce cuando el usuario es capaz de tener control sobre la extensión de fichero que puede crear y acceso al mismo, o cuando el fichero creado es interpretado por el servidor por cualquier motivo.

- **Suite automatizada:** Sí. Descubrimiento por malformación de peticiones. La prueba se encuentra incluida de forma común en multitud de herramientas automatizadas de análisis web: w3af, skipfish, vega, etc.

- **Verificación Manual:** Su ejecución manual requiere, en el caso web, del uso de un proxy de auditoría o comunicación directa con el servicio que nos permita verificar la información devuelta.

- **Corrección:** Se debe validar y sanitizar toda entrada proveniente de usuario, escapando adecuadamente los caracteres especiales, controlando la existencia de etiquetas del lenguaje, así como las salida de información a disco.

↘ **EJEMPLO 2-13 - Inyección de comandos**

El ejemplo muestra una inyección de comandos típica en PHP. Concretamente una inyección en 2 fases.

En la primera fase el atacante es capaz de escribir en un fichero del servidor código PHP válido. En el ejemplo suponemos <? phpinfo(); ?>.

En la segunda fase el atacante es capaz de ejecutar ese fichero por un error de validación y control de la inclusión, lo que hace que PHP lea el fichero e interprete su contenido, ejecutando el código PHP que encuentre en él.

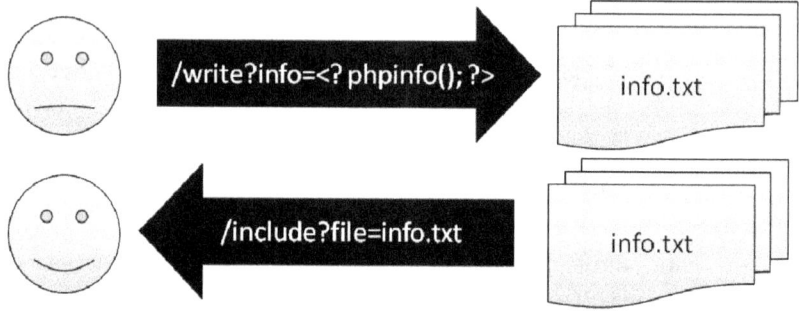

Figura 2-17

Desbordamientos de buffer y cadenas de formato

- **Descripción:** Este tipo de vulnerabilidades son dependientes de la plataforma y del lenguaje utilizado para el desarrollo. En principio, software desarrollado con lenguajes que no permiten la implementación de acceso directo a memoria están exentos de ellos, siempre que no hagan uso de invocaciones a módulos externos desarrollados en lenguajes inseguros (ASM, C, C++, ...).

  El objetivo del atacante en este tipo de vulnerabilidades consiste en llegar a modificar el flujo de ejecución del programa tomando el control sobre las direcciones de retorno, bien sobre las almacenadas directamente en pila, bien indirectamente en funciones de liberación de memoria dinámica.

- **Suite automatizada:** Sí. Descubrimiento por malformación de peticiones. La prueba se encuentra incluida en algunas herramientas automatizadas de análisis web de forma completa o parcial: w3af, skipfish, vega, etc.

- **Verificación Manual:** Su ejecución manual requiere, en el caso web, del uso de un proxy de auditoría o comunicación directa con el servicio que nos permita verificar la información devuelta.

    La mecánica de testeo consistirá, en el caso de los desbordamientos de buffer, en hacer crecer el tamaño de los parámetro enviados al servidor hasta alcanzar errores por peticiones excesivamente largas. Si antes de alcanzar esos errores se llega a un malfuncionamiento del servicio (p.ej. Errores de tipo 500 en aplicativos CGI o caída del servicio en otros) podemos estar ante un desbordamiento de buffer. En el caso de cadenas de formato, se enviarán como parámetro las peticiones *%n* y *%x* que alterarán el funcionamiento de la aplicación volcando fragmentos de pila si la aplicación se encuentra afectada por un error de cadenas de formato, también es posible que se produzca una caída del aplicativo al recibir este tipo de parámetros.

- **Corrección:** Cuando se trabaja con lenguajes que permiten el acceso directo a memoria es necesario controlar en todo momento el tamaño de los buffers y el desbordamiento de los enteros. En el caso de C/C++ se recomienda encarecidamente el uso de funciones seguras strncpy y derivadas en detrimento de la familia strcpy y derivadas. El correcto formato de las funciones de impresión de cadenas es necesario cuando se trabaja con C/C++. Por ello toda función de la familia print debe contar con la cadena de formato que va a recibir.

2.6 | TABLA RESUMEN

Tipo	Subtipo	Deteccion Auto.	Suites	Herramienta Man.
Config.	SSL	Sí	OpenVAS, Nexpose, ...	testssl.sh
Config.	DB Listener	Sí	OpenVAS, Nexpose, ...	LSNRCTL / nmap
Config.	Debug	Sí	OpenVAS, Vega, ...	nc / telnet
Config.	Desactualización	Parcial	OpenVAS, Nexpose, ...	nc / nmap / telnet
Config.	Herram. Admon.	Sí. Mejorable	OpenVAS, Vega, ...	nikto / wikto / ...
Config.	Ejemplos	Sí. Mejorable	OpenVAS, Vega, ...	nikto / wikto / ...
Config.	Comentarios WEB	Sí.	w3af, vega, skipfish ...	zed / burp / ...
Config.	Backup WEB	Sí. Mejorable	w3af, vega, skipfish ...	nikto / wikto / ...
Config.	Ext. NO-WEB	Parcial	skipfish, wapiti, ...	nikto / wikto / ...
Confi.	Indexación	Sí. Mejorable	w3af, vega, skipfish ...	nikto / wikto / ...
Config.	Métodos HTTP	Sí. No comun.	w3af	nc / telnet
Lógica	-	No	No	Variable
Autent.	Canal Cifrado	Sí.	OpenVAS, Vega, ...	wireshark
Autent.	Enumeración	No	No	zed + hydra
Autent.	Usuarios Defecto	No es habitual.	w3af	hydra
Autent.	Fuerza Bruta	No es habitual.	w3af	hydra
Autent.	Evasión Autent.	No	No	variable
Autent.	Recup. Passwd	No	No	variable
Autent.	Gestión sesión	No	No	zed / burp / nc
Autent.	Cierre sesión	No	No	zed / burp / nc
Autent.	CAPTCHA	No es habitual.	PWNtcha	zed / burp / nc
Autent.	CSRF	No	No	zed / burp / nc
Autoriz.	Path Transversal	Sí. Malformación.	w3af, vega, skipfish ...	zed / burp / nc
Autoriz.	Evasión	No	No	zed / burp / nc
Autoriz.	Race Condition	No	No	jmeter
Valida.	XSS	Sí.	w3af, vega, skipfish ...	zed / burp / nc
Valida.	SQLi	Sí.	w3af, vega, skipfish ...	zed / burp / sqlmap
Valida.	LDAPi	Sí.	w3af, vega, skipfish ...	zed / burp / nc
Valida.	XML / Xpath Inj.	Sí.	w3af, vega, skipfish ...	zed / burp / nc
Valida.	Inyección Código	Sí. Malformación.	w3af, vega, skipfish ...	zed / burp /nc
Valida.	Desbordamientos	Sí. Malformación.	w3af, vega, skipfish ...	zed / burp /nc

FIGURA 2-18

HERRAMIENTAS | 3

Un nuevo capítulo. Si en el número dos hemos visto las vulnerabilidades más frecuentes, en este número tres toca pasar a analizar las herramientas de las que disponemos para descubrir y explotar las vulnerabilidades expuestas en el capítulo dos.

Este es un capítulo de introducción a las herramientas, con un nivel de profundidad básico y un enfoque práctico.

No es este un manual de todas las herramientas disponibles, ni tampoco una guía detallada del uso de cada una.

Puedes considerar este capítulo como una guía introductoria a las funcionalidades más comunes y al uso básico de cada herramienta. Dejando a discreción de cada lector el profundizar en cada una de ellas

- **Herramientas para seguridad en redes y servidores.** NMap, Netcat, OpenVAS, Nexpose, Nikto/Wikto o Hydra son algunas de las herramientas fundamentales para la ejecución de las pruebas necesarias para la detección de las vulnerabilidades comentadas en el segundo capítulo pertenecientes a servicios de red y servidores.

- **Herramientas para seguridad en aplicativos web.** Vega, Skipfish, Arachni o ZED Attack Proxy (ZAP) son algunas de las herramientas fundamentales para la ejecución de las pruebas necesarias para la detección de vulnerabilidades comentadas en el segundo capítulo y pertenecientes a servicios y aplicativos web.

3.1 | Seguridad en redes y servidores: NMAP y NETCAT

NMap y Netcat son las dos herramientas básicas con las que se pueden realizar verificaciones de deficiencias en servicios de red. Mediante NMap seremos capaces de detectar la existencia de servicios y de sus versiones y mediante Netcat seremos capaces de comunicarnos con ellos recibiendo en todo momento el flujo de comunicación en formato *crudo*.

Usando NMap

NMap es una herramienta de escaneos de puertos que nos permitirá de forma rápida determinar la visibilidad de servicios de red del sistema de información a evaluar.

Existen entornos *frontend* para su gestión, pero se recomienda su uso directo en línea de comandos. La sintaxis básica de uso es la siguiente.

```
$ nmap 192.168.1.1

Starting Nmap 6.00 ( http://nmap.org ) at 2014-05-12 21:50 CEST
Nmap scan report for 192.168.1.1
Host is up (0.11s latency).
Not shown: 996 filtered ports
PORT     STATE  SERVICE
23/tcp   closed telnet
80/tcp   open   http
1900/tcp closed upnp
8080/tcp closed http-proxy

Nmap done: 1 IP address (1 host up) scanned in 40.61 seconds
```

Figura 3-1

A partir de esta sintaxis básica se pueden incluir modificadores para ampliar la información mostrada. La **figura [3-2]** muestra el resultado de incluir el modificador -A que realizar una detección de versiones, tanto de los servicios instalados como del propio sistema.

```
$ nmap -n -A 192.168.1.1

Starting Nmap 6.40 ( http://nmap.org ) at 2014-05-12 21:51 CEST

Nmap scan report for 192.168.1.1
Host is up (0.018s latency).
Not shown: 996 filtered ports
```

```
PORT      STATE   SERVICE    VERSION
23/tcp    closed  telnet
80/tcp    open    tcpwrapped
1900/tcp  closed  upnp
8080/tcp  closed  http-proxy

MAC Address: 28:BE:9B:B7:49:46 (Technicolor USA)
Device type: broadband router
Running: Cisco embedded, Motorola embedded, Scientific Atlanta embedded
OS    details:    Cisco    EPC3925    or    Motorola    SURFboard    SB5101
Network Distance: 1 hop

TRACEROUTE
1    18.29 ms 192.168.1.1

Nmap done: 1 IP address (1 host up) scanned in 109.59 seconds
```

FIGURA 3-2

Otros modificadores interesantes pueden ser el parámetro "-p" que permite especificar un rango de puertos, el parámetro "-P0" que evitar que se intente establecer una conexión inicial ICMP al host, el parámetro "-n" que evita la resolución de nombres, el parámetro "-sS" para establecer un modo de escaneo en base a peticiones SYN sin necesidad de establecer una negociación TCP completa y el parámetro "-sU" para escaneo de sockets UDP.

```
$ sudo nmap -n -A -sS -P0 -p 1-65535 192.168.1.1

Starting Nmap 6.40 ( http://nmap.org ) at 2014-05-12 22:03 CEST

Nmap scan report for 192.168.1.1
Host is up (0.0022s latency).
Not shown: 65531 filtered ports
PORT      STATE   SERVICE    VERSION
23/tcp    closed  telnet
80/tcp    open    tcpwrapped
|_http-title: HTTP 401 - Unauthorized
1900/tcp  closed  upnp
8080/tcp  closed  http-proxy

MAC Address: 28:BE:9B:B7:49:46 (Technicolor USA)
Device type: broadband router
Running: Cisco embedded, Motorola embedded, Scientific Atlanta embedded
OS details: Cisco EPC3925 or Motorola SURFboard SB5101E
Network Distance: 1 hop
TRACEROUTE
1    2.23 ms 192.168.1.1
Nmap done: 1 IP address (1 host up) scanned in 195.59 seconds
```

FIGURA 3-3

Usando Netcat

Netcat y el más moderno *Socat* son herramientas de comunicación directa a sockets TCP/UDP tanto en IPv4 como en IPv6 y mediante *socat* es posible establecer comunicaciones a través de SSL.

La [figura 3-4] muestra diversos ejemplos de conexión: a un servicio http, a un servicio smtp y haciendo uso de socat a un servicio HTTPS.

```
$ nc www.google.es 80
HEAD / HTTP/1.0

HTTP/1.0 302 Found
Cache-Control: private
Content-Type: text/html; charset=UTF-8
Location: http://www.google.es/?gfe_rd=cr&ei=q0WPU--DIIzA8getw4CQAQ
Content-Length: 258
Date: Mon, 12 May 2014 21:25:45 GMT
Server: GFE/2.0
Alternate-Protocol: 80:quic

$ nc aspmx.l.google.com 25
220 mx.google.com ESMTP wf5si5727852wjb.92 - gsmtp
HELO localhost
250 mx.google.com at your service
MAIL FROM: <root@localhost.local>
250 2.1.0 OK wf5si5727852wjb.92 - gsmtp
RCPT TO: <labs@sg6.es>
250 2.1.5 OK wf5si5727852wjb.92 - gsmtp

$ socat - SSL:www.google.es:443,verify=0
HEAD / HTTP/1.0

HTTP/1.0 302 Found
Cache-Control: private
Content-Type: text/html; charset=UTF-8
Location: https://www.google.es/?gfe_rd=cr&ei=Q0iPU_nnDI7A8ge__4HAAQ
Content-Length: 259
Date: Mon, 12 May 2014 21:24:35 GMT
Server: GFE/2.0
Alternate-Protocol: 443:quic
```

FIGURA 3-4

3.2 | Seguridad en redes y sistemas: OpenVAS, Nexpose, ...

Si NMap y Netcat son las dos herramientas básicas con las que manualmente podremos verificar gran parte de las vulnerabilidades, OpenVAS y Nexpose CS son justo el extremo contrario: dos grandes suites automatizadas de detección de vulnerabilidades.

La principal ventaja de estas herramientas es lo sistemático de la revisión. Nosotros no somos máquinas y muchas veces nos cuesta probar durante horas todas las posibles combinaciones de errores de un sistema de información.

Por contra, el problema de este tipo de suites altamente automatizadas es la cantidad de falsos positivos que generan, sobre todo si no se establecen límites a las pruebas a realizar. Debilidad que comparten tanto OpenVAS, como Nexpose, como Nessus, como Retina; por citar las más conocidas tanto libres como propietarias.

Algunas de las comparativas públicas existentes [1] de estas herramientas evidencian como para un sistema de pruebas con 15 vulnerabilidades son capaces de generar hasta un centenar de alertas diferentes para, finalmente, de las 15 vulnerabilidades detectar correctamente, en el mejor de los casos, 7.

Por tanto, al hablar de suites automatizadas, también conocidas como *herramientas de botón gordo* hay que tener en cuenta dos factores: su falta de precisión y la cantidad de información irrelevante que generan. Por ello es muy recomendable ajustar los plugins y los perfiles de revisión de cada una de ellas hasta niveles de información tolerables.

---

[1] http://hackertarget.com/nessus-openvas-nexpose-vs-metasploitable/

Usando OpenVAS

OpenVAS es una herramienta cliente-servidor sucesora de *Nessus* en el mundo del *OpenSource*, tras el paso de *Nessus* a solución comercial.

Su funcionamiento es relativamente sencillo: por un lado existe un servicio funcionando en *background* y por otro un interfaz cliente que para ejecutar evaluaciones de vulnerabilidades.

Las principal particularidad es la necesidad de crear un usuario en el servicio, mediante el uso del comando *openvas-adduser*. Una vez hemos añadido un usuario podremos conectar desde nuestro cliente como se muestra en la *[figura 3-5]*.

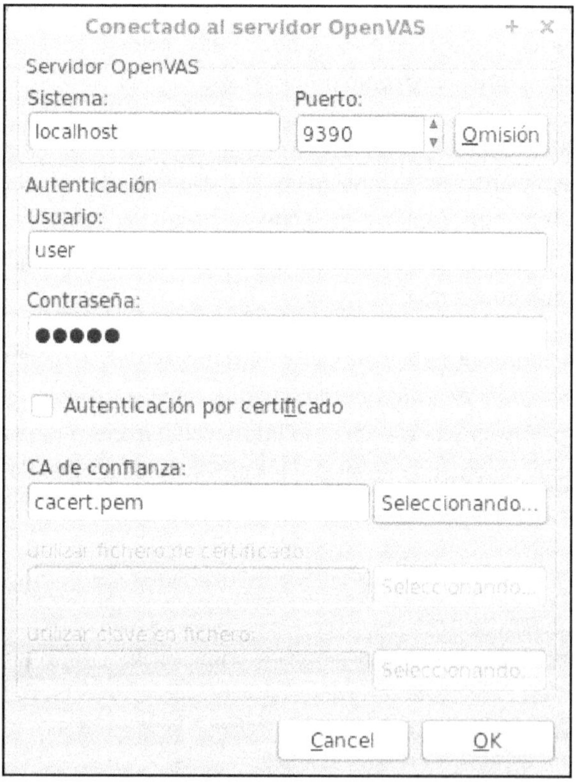

FIGURA 3-5

Al establecer conexión podremos ajustar los parámetros básicos de configuración de las pruebas. Es importante limitar entre otros el tipo de pruebas que se pueden realizar (opción pruebas seguras) así como los niveles de concurrencia. Otro aspecto a considerar son los complementos (plugins) que van a ser ejecutados durante la prueba.

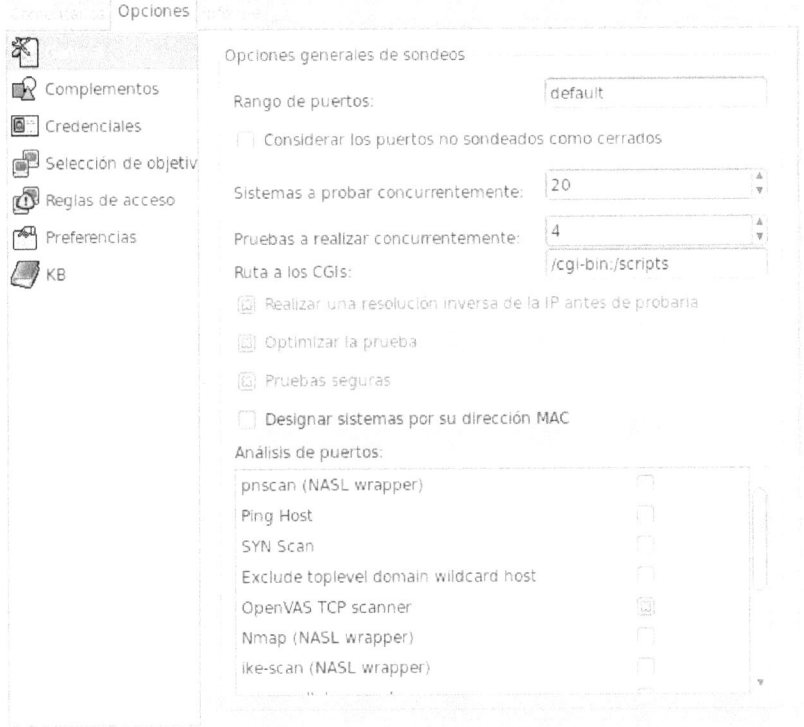

FIGURA 3-6

Una vez dispongamos de la configuración general de la prueba, podemos proceder a usar el *asistente de sondeos* para crear un nuevo proceso de revisión mediante el uso del asistente de sondeos. Este asistente nos permitirá definir los objetivos del proceso de revisión junto con información descriptiva del proceso y finalmente lanzará la ejecución de la prueba.

Es posible definir más de un sistema a evaluar, bien mediante el uso de direccionamiento por clases, bien mediante el uso de una lista de hosts separados por comas. Adicionalmente algunos sondeos pueden requerir el uso de credenciales adicionales de acceso (*ssh*, *smb*, ..), que deben ser definidas en la configuración global de la prueba.

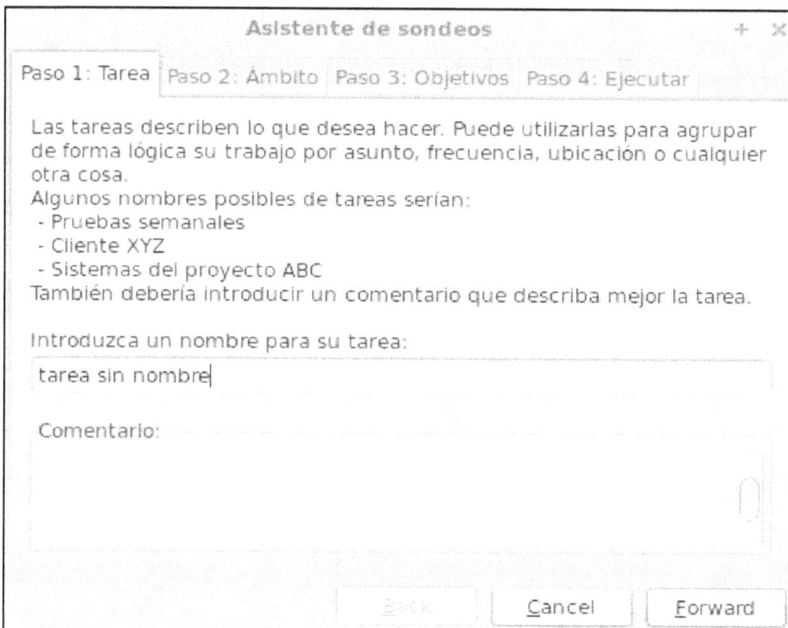

FIGURA 3-7

Finalmente se procederá a la ejecución de la prueba como se muestra en la *[figura 3-7]*.

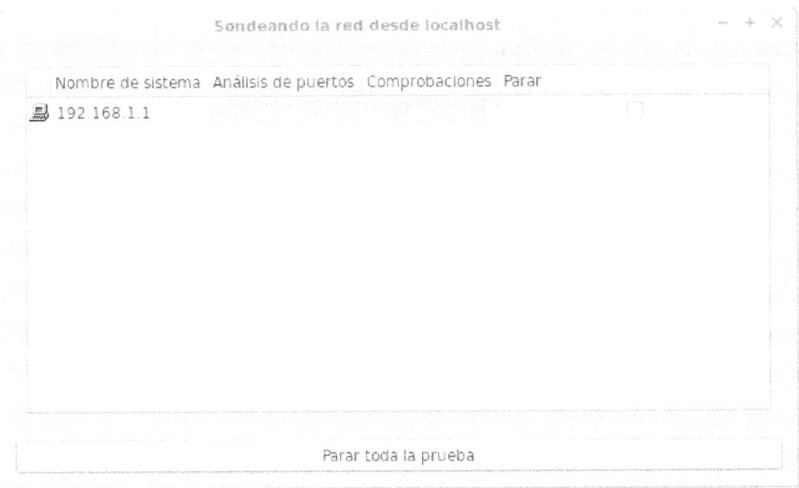

FIGURA 3-8

Como último paso, una vez la prueba haya finalizado, OpenVAS nos mostrará un resumen de los hallazgos más significativos. En el sistema usado en la prueba, un sistema actualizado sin ninguna vulnerabilidad pública conocida, el resultado ha sido el que se acompaña.

OpenVAS Report

The OpenVAS Security Scanner was used to assess the security of 1 host

2 security holes have been found
0 security warning has been found
2 security notes have been found
0 false positive has been found

FIGURA 3-9

Usando Nexpose

Nexpose Community es una herramienta, a pesar de su nombre, propietaria, aunque de uso libre, desarrollada por Rapid7, la compañía que hay tras Metasploit. Además de la versión Community existen diferentes versiones comerciales: express, consultant y enterprise. Cada versión incrementa la funcionalidad de la anterior, siendo el principal factor limitante el número de IPs que pueden evaluarse, así como la capacidad de verificar mediante Metaesploit las vulnerabilidades encontradas. La versión

Community está limitada a la gestión simultánea de 32 IPs. Nexpose, al igual que OpenVAS tiene un funcionamiento en modo cliente-servidor, con un interfaz mediante un servicio HTTP a través de navegador web.

Para su descarga tendremos que rellenar un formulario de registro recibiremos un correo electrónico con una clave de activación similar a la *[figura 3-10]*

Your Nexpose Community License Key

Follow the steps below to get started

FIGURA 3-10

Una vez tengamos la clave y el binario descargado podremos proceder a una instalación automatizada que tras finalizar nos mostrará en la url *http://localhost:3870/* la consola web de *Nexpose*.

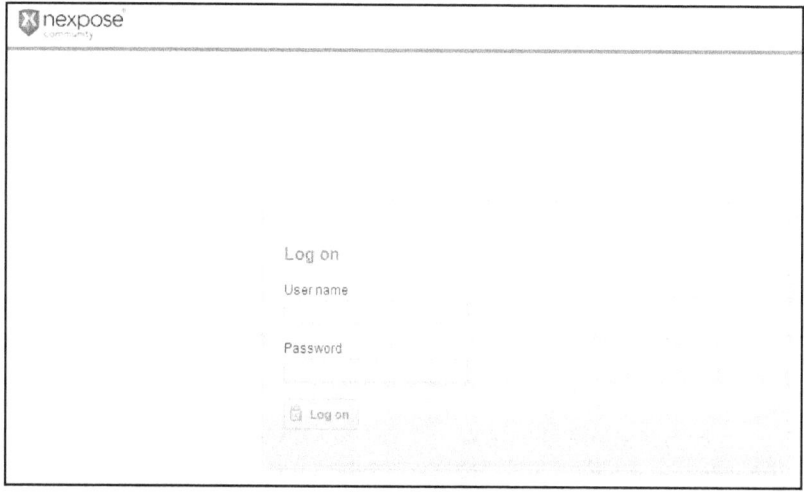

FIGURA 3-11

Tras superar el proceso de Login podremos proceder a la ejecución de una prueba de seguridad desde la opción *New Static Site*, donde definiremos las características generales del host a evaluar, los perfiles de la prueba, la necesidad de credenciales, etc.

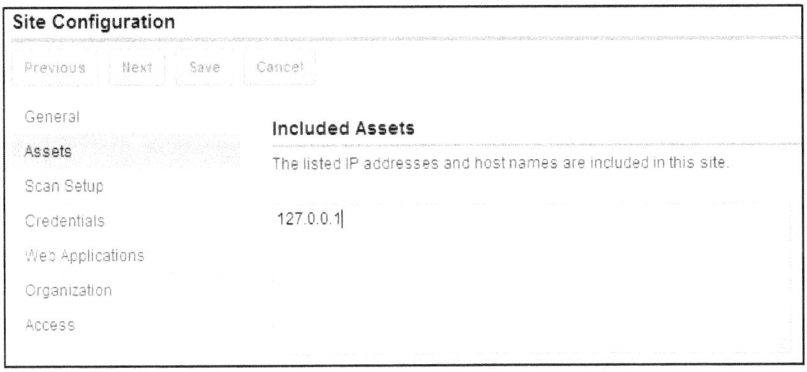

FIGURA 3-12

Finalmente, como se puede ver en la *[figura 3-13]*, podremos proceder a escanear los *assets* configurados mediante la opción *Scan* de cada uno de ellos.

FIGURA 3-13

Transcurridos unos cuantos minutos, hay que ser pacientes, en la pestaña vulnerabilidades obtendremos los resultados del proceso.

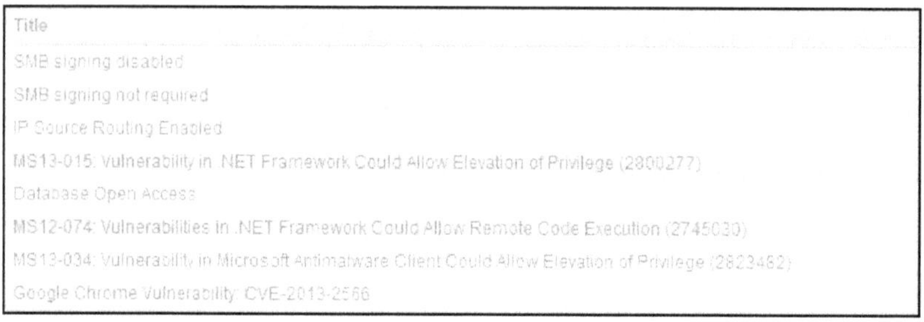

Title
SMB signing disabled
SMB signing not required
IP Source Routing Enabled
MS13-015: Vulnerability in .NET Framework Could Allow Elevation of Privilege (2800277)
Database Open Access
MS12-074: Vulnerabilities in .NET Framework Could Allow Remote Code Execution (2745030)
MS13-034: Vulnerability in Microsoft Antimalware Client Could Allow Elevation of Privilege (2823482)
Google Chrome Vulnerability: CVE-2013-2566

FIGURA 3-14

3.3 | Seguridad en redes y sistemas: otras herramientas

A medio camino entre las herramientas más básicas y las soluciones totalmente automatizadas, aparecen herramientas que implementan alguna automatización muy concreta. Nos serán de utilidad para la realización de algunas tareas.

THC Hydra

THC Hydra es una herramienta multiprotocolo para la verificación de contraseñas débiles. Actualmente permite más de una veintena de protocolos de comunicación, tanto con SSL, como sin SSL, entre ellos los más conocidos: ftp, http, smtp, pop3, imap, ldap, ...

THC Hydra permite el uso de listas de usuarios/contraseñas, así como la generación mediante fuerza bruta de contraseñas con diferentes niveles de complejidad y tamaño.

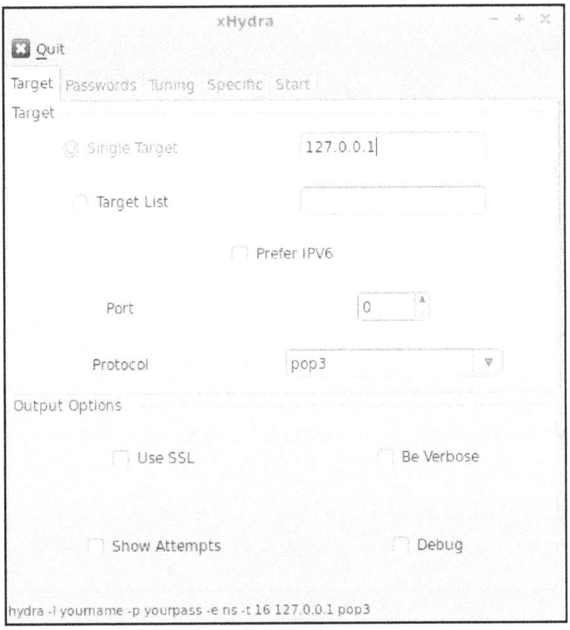

Figura 3-15

Wikto

Wikto (adaptación para Windows con interfaz GUI de Nikto) es una herramienta que más allá de implementar las funcionalidades de Nikto, permite la automatización de ciertas tareas de la fase de *information gathering*: google hacking, descubrimiento de rutas *http*, ...

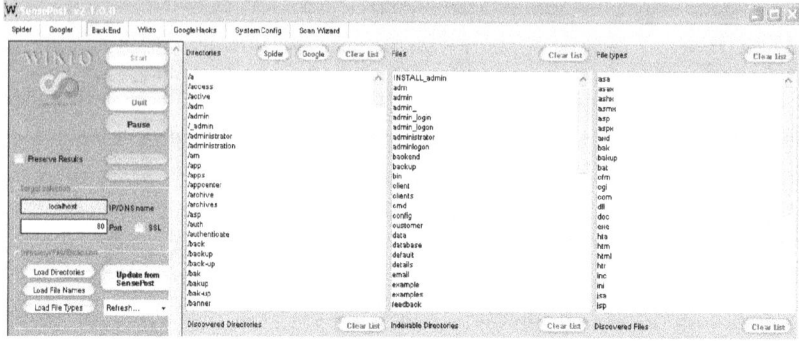

FIGURA 3-16

Más herramientas

La lista se nos podría hacer interminable, no obstante vamos a citar algunas que puntualmente nos pueden ayudar:

Maltego: Suite de recopilación y correlación de información.

FOCA: Utilidad de evaluación de metadatos.

Wireshark: Herramienta de análisis de paquetes de red.

John the Ripper: Herramienta para cracking de contraseñas.

Metasploit: Herramienta para explotación de vulnerabilidades. Aunque este libro no trate sobre ello, no está de más conocerla.

SQLMap: Herramienta para explotación de inyecciones de SQL. Igual que metasploit escapa del contenido de este texto.

3.4 | SEGURIDAD WEB: ZAP, UN PROXY DE AUDITORÍA

Un proxy de auditoría es una herramienta básica y fundamental, tanto para la ejecución de revisiones manuales, como para la confirmación de vulnerabilidades detectadas a partir de herramientas automatizadas.

¿Cómo funcionan?

Dejando a un lado la mayor o menor sofisticación y automatismos que algunos incluyen (p.ej. rutinas automáticas para explotación de inyecciones de SQL) el hecho es que un proxy de auditoría es una herramienta que en su planteamiento básico es simple. Su función principal es colocarse en medio del tráfico HTTP/HTTPS teniendo la capacidad de parar la comunicación y modificarla, tanto en las peticiones que van desde el cliente al servidor, como en las respuestas que el servidor devuelve al cliente.

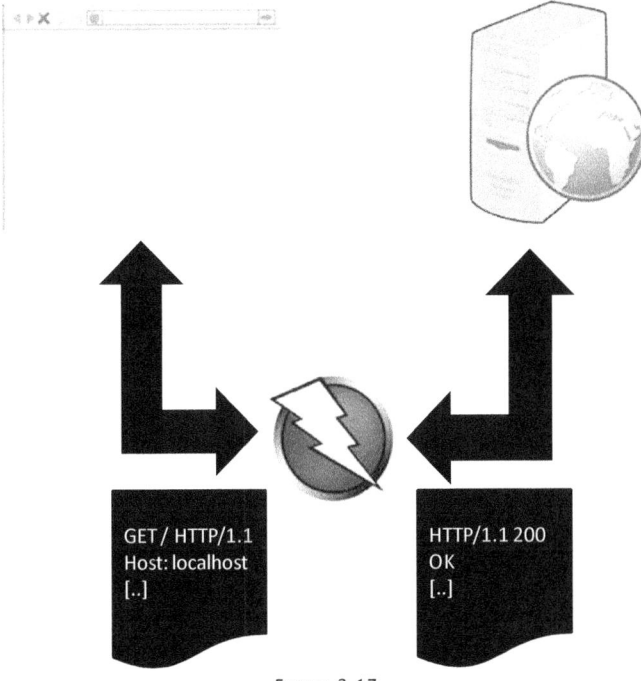

FIGURA 3-17

Usando ZAP: ZED Attack Proxy.

ZED Attack Proxy (ZAP) es uno de los muchos servidores proxy de auditoría que existen, en este caso perteneciente al proyecto OWASP. Otros pueden ser BURP o Paros Proxy.

Además de las características básicas: escuchar y detener la comunicación HTTP/HTTPS, ZAP incorpora funcionalidades avanzadas para la explotación, así como funciones de revisión automatizada. No obstante, en esta sección vamos a explicar el funcionamiento de ZAP como proxy básico para tareas manuales de localización, verificación y explotación de vulnerabilidades.

Para su utilización, la primera tarea a ejecutar es conectar el navegador web con ZAP, haciendo uso de la pestaña configuración de servidor proxy (que tiene una ubicación variable según el navegador y el sistema operativo).

Una vez que tengamos el navegador integrado en el proxy, empezaremos a ver todas las peticiones que se realicen desde el navegador, así como todas las respuestas que le proporcione el servidor.

Figura 3-18

Para cada una de las peticiones, como nos muestra la *[figura 3-19]*, podremos ver la comunicación en ambos sentidos: cliente --> servidor y servidor --> cliente.

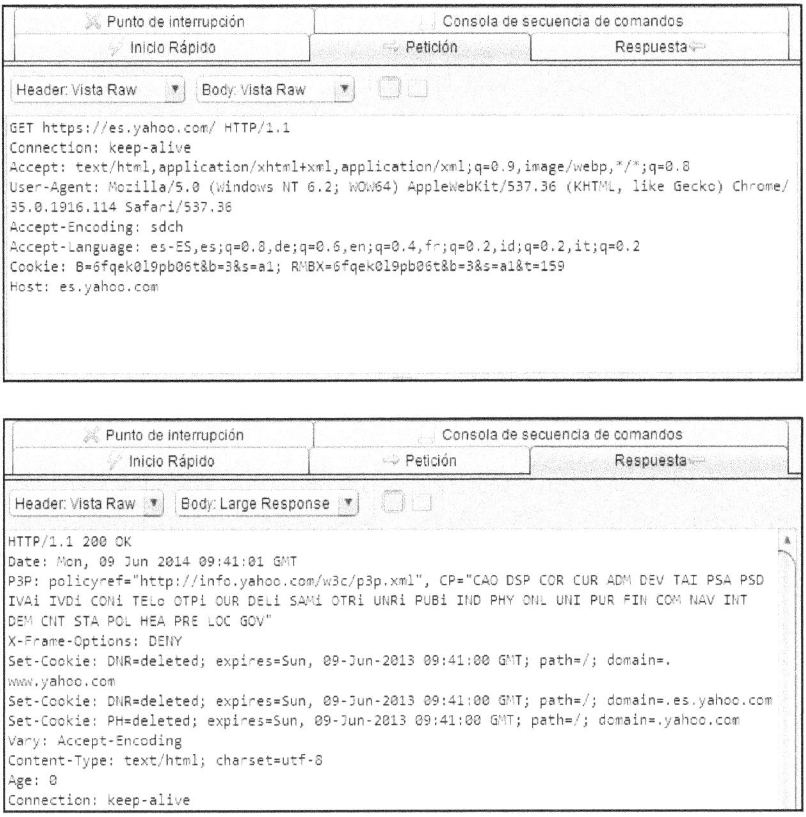

FIGURA 3-19

Además de la capacidad de ver la comunicación en formato *crudo*, la verdadera funcionalidad que hace útil a los proxy de auditoría es la de parar la comunicación mediante lo que se conoce como *puntos de interrupción*. Un punto de interrupción no es más que una petición que contiene una cadena que la identifica y que es detenida por el proxy tanto en el envío del cliente al servidor, como en la respuesta que el servidor le proporciona al cliente.

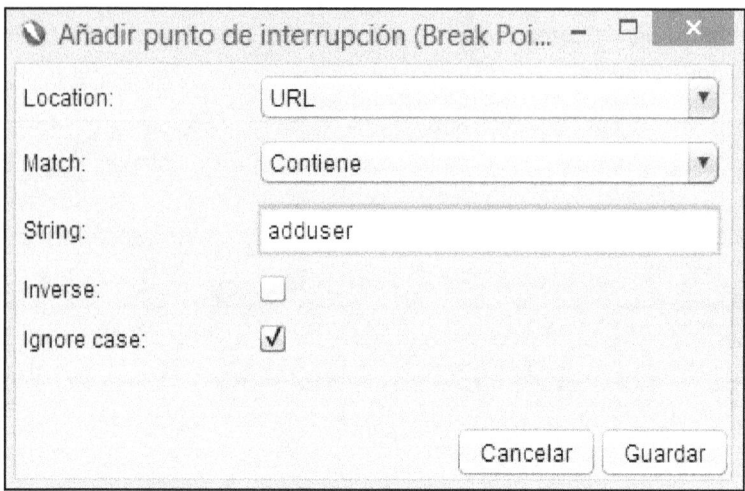

Figura 3-20

A partir de la colocación del punto de interrupción, todo el tráfico que coincida con el patrón seleccionado será detenido, permitiendo de esta forma la inclusión de vectores de ataque, la confirmación de vulnerabilidades conocidas, etc.

La *[figura 3-21]* muestra un ejemplo con el tráfico detenido y como se podría modificar del parámetro *p* de la petición HTTP, incluyendo código HTML, para verificar la posible existencia de XSS.

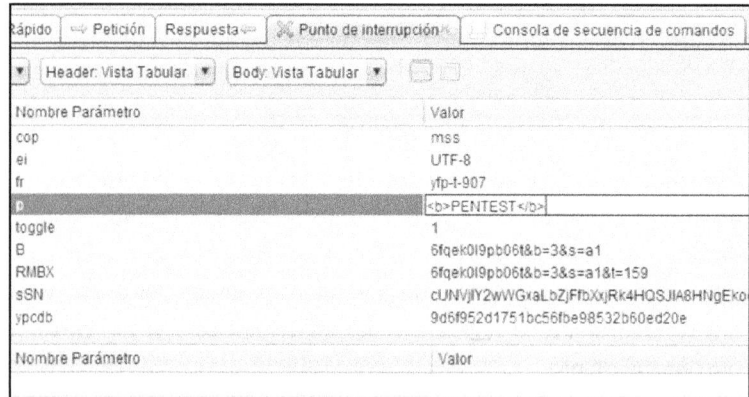

Figura 3-21

3.5 | SEGURIDAD WEB: APLICACIONES AUTOMATIZADAS

Al igual que sucedía en el caso de la revisión de sistemas y servicios de red, en el caso de los aplicativos web también existen aplicaciones de *botón gordo* (o de línea de comandos pero con la misma filosofía) que comparten las virtudes y los defectos de sus primas hermanas.

En el lado de las ventajas está lo sistemático de la revisión, mucho más sistemática de lo que el común de los humanos realizaría, y además el aceptable nivel de identificación de vulnerabilidades de validación (XSS, SQLi, ...).

En el lado negativo, nuevamente, la enorme cantidad de información que proporcionan, en muchos casos proveniente de falsos positivos, que requerirá de una verificación manual y un descarte de las vulnerabilidades detectadas de forma errónea.

El número de herramientas libres o de uso gratuito en este grupo es amplio: *skipfish*, *arachni*, *w3af* o *vega*, por citar algunas.

Además de las soluciones libres, o de uso gratuito, existen tres referentes en el mercado comercial: *IBM Security Appscan, HP WebInspect* y *Acunetix Web Vulnerability Scanner*. Cuya principal característica distintiva es, a priori, un mejor control del número de falsos positivos proporcionado[2].

En esta sección vamos a ver el funcionamiento de tres herramientas libres: Skipfish, Arachni y Vega.

Además, para mostrar las diferencias significativas existentes entre cada herramienta, se ejemplificará la diferencia entre los resultados ofrecidos por cada una de ellas en la evaluación del aplicativo web *WebGoat*, un aplicativo web deliberadamente vulnerable desarrollado por OWASP.

---

[2] Comparativa de herramientas de evaluación automatizada web: http://sectoolmarket.com/price-and-feature-comparison-of-web-application-scanners-unified-list.html

Usando Skipfish.

Skipfish es una herramienta automatizada de detección de vulnerabilidades web desarrollada por Google cuyo último desarrollo es de diciembre de 2012.

Es una aplicación de línea de comandos desarrollada en C++ y testada en plataformas *nix (Linux, OSX, ...) y Windows, mediante cygwin.

Para verificar las vulnerabilidades de WebGoat con esta aplicación la invocaremos de forma similar a como se muestra en la *[figura 3-22]*

```
$skipfish    -MEU    -o    skip_goat    -A    guest:guest    -C
"JSESSIONID=8199BFEE17B6AE153705B00244AD31D3"         -N          -X
"attack?action=Logout" http://127.0.0.1:8080/WebGoat/attack
```

FIGURA 3-22

El parámetro -MEU indica el nivel de logging, en este caso indicamos que se almacene información de transmisión de credenciales sin HTTPS, de correos electrónicos y urls encontradas, así como de casos en los que las directivas de cacheo están limitadas a HTTP/1.1

El parámetro -o especifica el directorio donde se almacenará el informe de salida.

El parámetro -A indica las credenciales de autenticación HTTP.

El parámetro -C indica la cookie de sesión. Esta cookie debe obtenerse con una autenticación válida interceptada con un proxy de auditoría (p.ej. ZED).

El parámetro -N indica que no se destruyan cookies aunque la aplicación lo indique; evitando algunas salidas no previstas por errores.

El parámetro -X indica que se excluya la URL cuya cadena provoca el Logout de la aplicación.

Finalmente se indica la URL inicial desde la que auditar.

Además de estos parámetros se podrían añadir otros, como el parámetro -S para incluir un diccionario desde el que hacer fuerza bruta sobre el path del servidor para descubrir nuevas rutas (de forma similar a como hace WIKTO). La *[figura 3-23]* muestra esta opción.

```
$skipfish               -MEU            -o          skip_goat               -S
/usr/share/skipfish/dictionaries/minimal.wl    -A   guest:guest             -C
"JSESSIONID=8199BFEE17B6AE153705B00244AD31D3"               -N              -X
"attack?action=Logout" http://127.0.0.1:8080/WebGoat/attack
```

FIGURA 3-23

La *[figura 3-24]* muestra la ejecución de skipfish, donde veremos los resultados de rendimiento del escaneo, así como los resultados intermedios que va obteniendo.

```
skipfish version 2.10b by lcamtuf@google.com

 - 127.0.0.1 -
Scan statistics:

      Scan time : 0:01:53.512
  HTTP requests : 18298 (162.8/s), 390999 kB in, 6362 kB out (3500.6 kB/s)
    Compression : 0 kB in, 0 kB out (0.0% gain)
    HTTP faults : 19 net errors, 0 proto errors, 0 retried, 0 drops
  TCP handshakes : 405 total (48.7 req/conn)
     TCP faults : 0 failures, 19 timeouts, 1 purged
 External links : 24492 skipped
   Reqs pending : 1436

Database statistics:

         Pivots : 1598 total, 1525 done (95.43%)
    In progress : 42 pending, 19 init, 6 attacks, 6 dict
  Missing nodes : 24 spotted
     Node types : 1 serv, 34 dir, 8 file, 0 pinfo, 57 unkn, 24 par, 1474 val
   Issues found : 611 info, 1 warn, 600 low, 740 medium, 14 high impact
      Dict size : 333 words (333 new), 9 extensions, 256 candidates
     Signatures : 77 total
```

FIGURA 3-24

Por último, una vez que la prueba finalice, en el directorio indicado por el parámetro *-o* tendremos un informe de resultados en formato HTML. Para el caso de WebGoat evaluado, skipfish ha obtenido los resultados que se muestran en la *[figura 3-25]*.

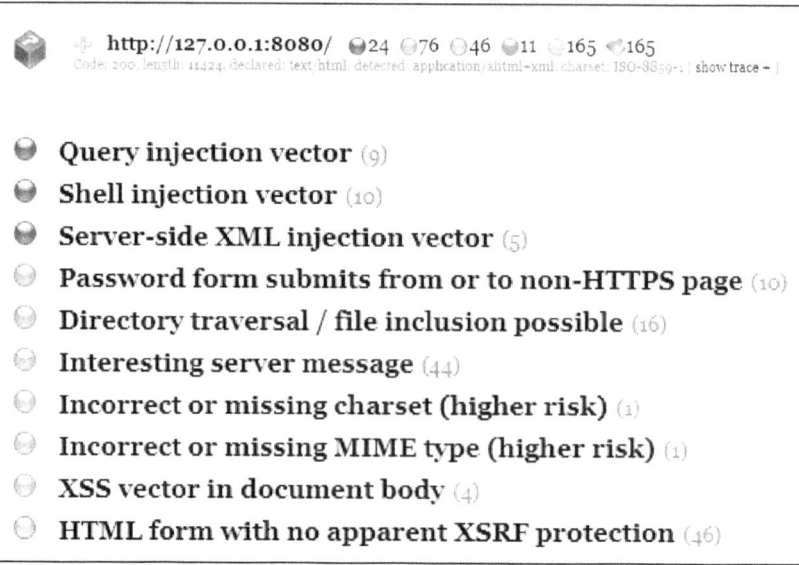

Figura 3-25

Ha detectado 24 vulnerabilidades de impacto alto (compromiso del sistema), 76 vulnerabilidades de nivel medio (compromiso de información) y 46 de nivel bajo. Adicionalmente ha creado 165 notas informativas.

¿Qué ha detectado? Pues básicamente errores de malformación de parámetros: inyecciones de SQL, inyecciones de comandos, inyecciones de XML, path transversal, XSS y XSRF, entre otros. ¿Están detectados de forma precisa? En general, no.

Skipfish ha detectado que la malformación de parámetros en el aplicativo causa errores, es decir, ha detectado que existen errores de validación; pero no ha sido capaz de afinar lo suficiente el tipo de error de validación que se trata en cada ocasión. Por poner un ejemplo, ha detectado inyecciones de SQL como XSS, XSS como inyecciones de XML, o inyecciones de SQL como Path Transversal.

En conclusión: nos permite conocer que existen errores, pero no dónde están y cuáles son exactamente.

Usando Arachni.

Arachni es una herramienta automatizada de detección de vulnerabilidades web opensource que ha sido desarrollada en los últimos 2 años y que mantiene activo su desarrollo.

Para la ejecución de la herramienta sobre WebGoat debemos fijar la cookie de sesión, mediante el parámetro **cookie-string**, así como el parámetro **exclude** para evitar las URLs con dos cadenas muy concretas *Logout*, salida del aplicativo, y **Num**, que causa un error de *crawling* infinito. La *[figura 3-26]* muestra la invocación de Arachni.

```
$arachni     http://localhost:8080/WebGoat/attack      --cookie-string='JSESSIONID=8199BFEE17B6AE153705B00244AD31D3'   --exclude "Num" --exclude "Logout"
```

FIGURA 3-26

La *[figura 3-27]* muestra la ejecución de Arachni, en este caso una vez la fase de *crawling* (detección de rutas del árbol web) ha finalizado y se están evaluando vulnerabilidades.

```
[*] OS command injection (timing): Analyzing response #8354...
[*] Blind SQL injection (timing attack): Analyzing response #8320...
[*] Blind SQL injection (timing attack): Analyzing response #8319...
[*] Blind SQL injection (timing attack): Analyzing response #8317...
[*] Blind SQL injection (timing attack): Analyzing response #8316...
[*] OS command injection (timing): Analyzing response #8361...
[*] OS command injection (timing): Analyzing response #8346...
[*] OS command injection (timing): Analyzing response #8349...
[*] OS command injection (timing): Analyzing response #8344...
[*] OS command injection (timing): Analyzing response #8343...
[*] OS command injection (timing): Analyzing response #8341...
[*] OS command injection (timing): Analyzing response #8334...
[*] OS command injection (timing): Analyzing response #8337...
[*] OS command injection (timing): Analyzing response #8340...
[*] OS command injection (timing): Analyzing response #8352...
[*] OS command injection (timing): Analyzing response #8358...
[*] OS command injection (timing): Analyzing response #8355...
```

FIGURA 3-27

Una vez la prueba haya finalizado encontraremos un fichero con extensión **AFR** (formato XML) cuyo nombre será la fecha y hora de ejecución. Ese fichero podrá ser convertido a otros formatos de salida tal como se muestra en la *[figura 3-28]* para la generación de un fichero HTML.

```
$arachni  --repload=2014-06-08\ 12.23.29\ +0200.afr  --report=html
```

FIGURA 3-28

Tras la generación del informe en formato HTML podremos ver los resultados. La *[figura 3-29]* muestra un subconjunto de los mismos.

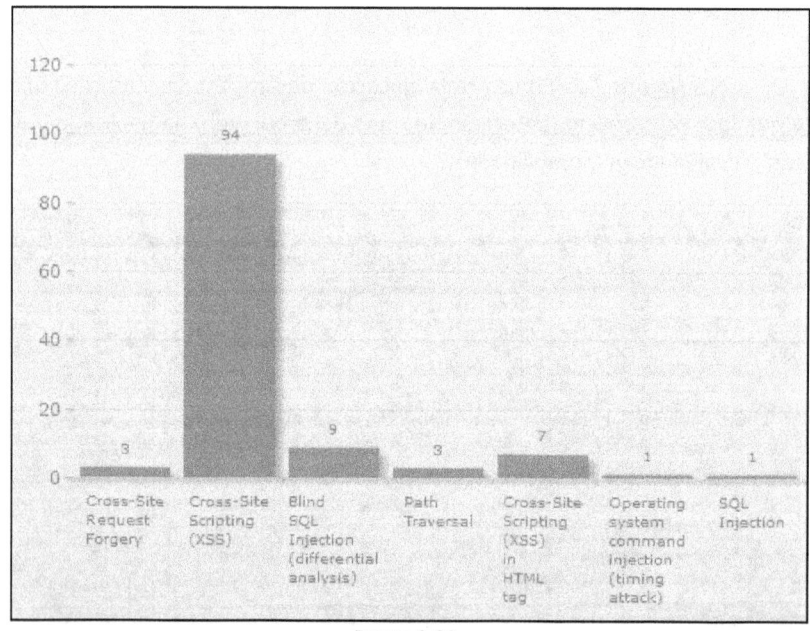

FIGURA 3-29

El resultado es similar al de Skipfish. Arachni detecta que existen deficiencias en la validación de los parámetros provenientes de usuario, pero no es capaz de afinar exactamente de qué deficiencia se trata en cada caso, dejando también otras sin detectar.

Usando Vega en modo automatizado

La última herramienta a comparar es Vega. Una herramienta de código abierto, con un completo entorno GUI, de reciente creación.

Vega, además de funciones de revisión automatizada, también puede ser usada como proxy de auditoría, para la ejecución de revisión manual o semiautomatizada. No obstante, en este apartado lo que veremos será su uso como herramienta automatizada.

Para usar Vega como herramienta automatizada, deberemos definir un nuevo *objetivo* para un proceso de revisión, tal como se indica en la *[figura 3-30]*.

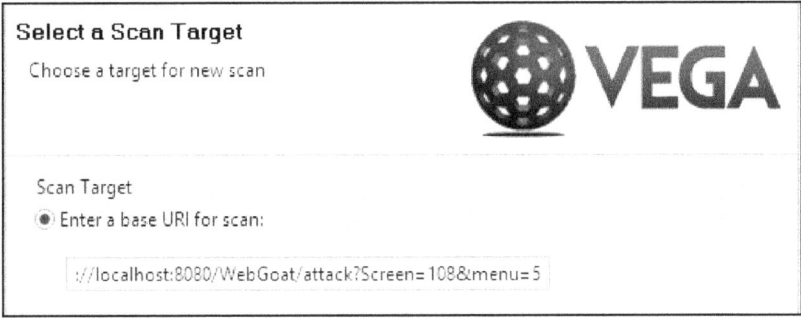

Figura 3-30

También podremos seleccionar los módulos a ejecutar y, en caso de ser necesario, definir una cookie para el proceso de autenticación.

En el caso de WebGoat necesitaremos definir la cookie de sesión JSESSIONID de la misma forma que hemos realizado en el resto de herramientas. La *[figura 3-31]* muestra el proceso de definir la cookie de sesión.

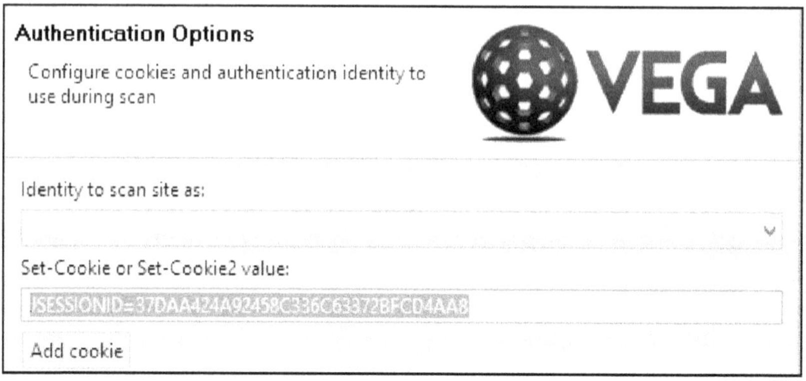

FIGURA 3-31

El resultado es el que se muestra en la ***[figura 3-32]***. Es un resultado menos completo que los anteriores, donde no se detectan la mayoría de las vulnerabilidades, debido a que Vega, en este aplicativo concreto, no ha realizado correctamente las tareas automáticas de detección de rutas y parámetros.

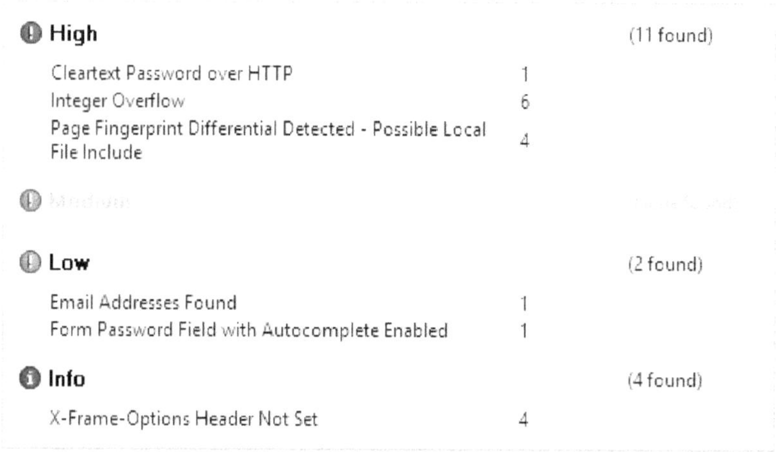

High (11 found)

Cleartext Password over HTTP	1
Integer Overflow	6
Page Fingerprint Differential Detected - Possible Local File Include	4

Medium

Low (2 found)

Email Addresses Found	1
Form Password Field with Autocomplete Enabled	1

Info (4 found)

X-Frame-Options Header Not Set	4

FIGURA 3-32

Usando Vega en modo semiautomatizado

Vega, como comentamos anteriormente, dispone de un modo de funcionamiento que permite, dentro de sus limitaciones, una mejora en los resultados: el modo *proxy scan*.

Este modo mezcla la función de proxy de auditoría con la función de escáner automatizado. Para hacer uso de ella debemos seleccionar la proxy, activar el servicio en el puerto 8888, redirigir nuestro navegador a ese puerto, activar el modo *Proxy Scan* y comenzar a navegar por la web.

De esta forma todas las peticiones que hagamos serán evaluadas por el módulo de descubrimiento de vulnerabilidades. La **[figura 3-33]** muestra la sesión de navegación por la web.

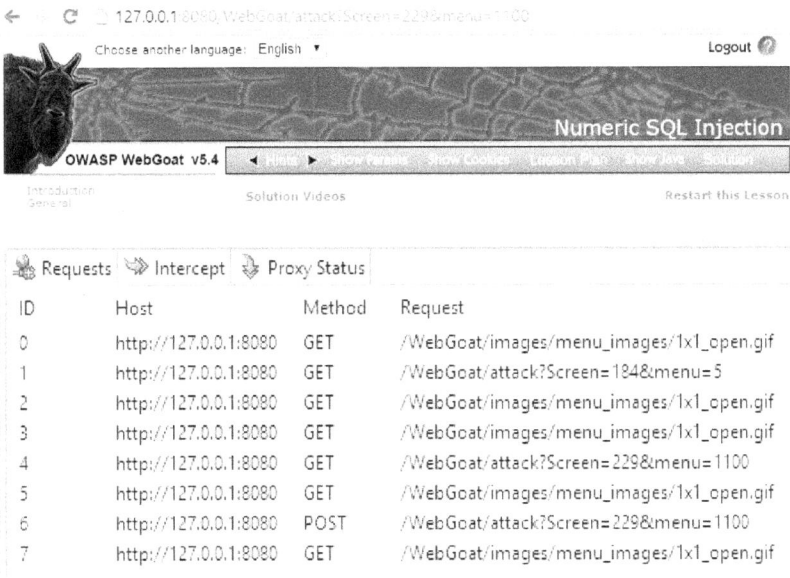

FIGURA 3-33

Tras finalizar la sesión de navegación, veremos que hemos obtenido un resultado diferente, como muestra la **[figura 3-34]** y que tanto el número como la precisión de la detección han aumentado.

High (21 found)

Cleartext Password over HTTP	1
SQL Injection	2
Shell Injection	2
SQL Error Detected - Possible SQL Injection	1
Cross Site Scripting	2
Page Fingerprint Differential Detected - Possible Local File Include	11
Possible Social Security Number Detected	1
Possible Social Insurance Number Detected	1

Medium (1 found)

Local Filesystem Paths Found	1

Low (2 found)

Form Password Field with Autocomplete Enabled	1
Email Addresses Found	1

Info (6 found)

X-Frame-Options Header Not Set	4
Cookie HttpOnly Flag Not Set	1
Possible AJAX code detected	1

FIGURA 3-34

Usando ZAP en modo semiautomatizado

Como último punto vamos a mostrar el uso de ZAP como herramienta de evaluación semiautomatizada que nos aportará unos resultados muy aceptables en la detección de errores de validación de parámetros. Para ello, debemos seguir los pasos anteriormente descritos en la sección de *uso manual*, conectando el navegador al proxy y navegando por la aplicación.

En la *[figura 3-35]* podemos ver, por ejemplo, la comunicación interceptada por ZAP en uno de los formulario vulnerables a inyección numérica de SQL, a ciegas, que hay en WebGoat [*formulario Blind Numeric SQL Injection*].

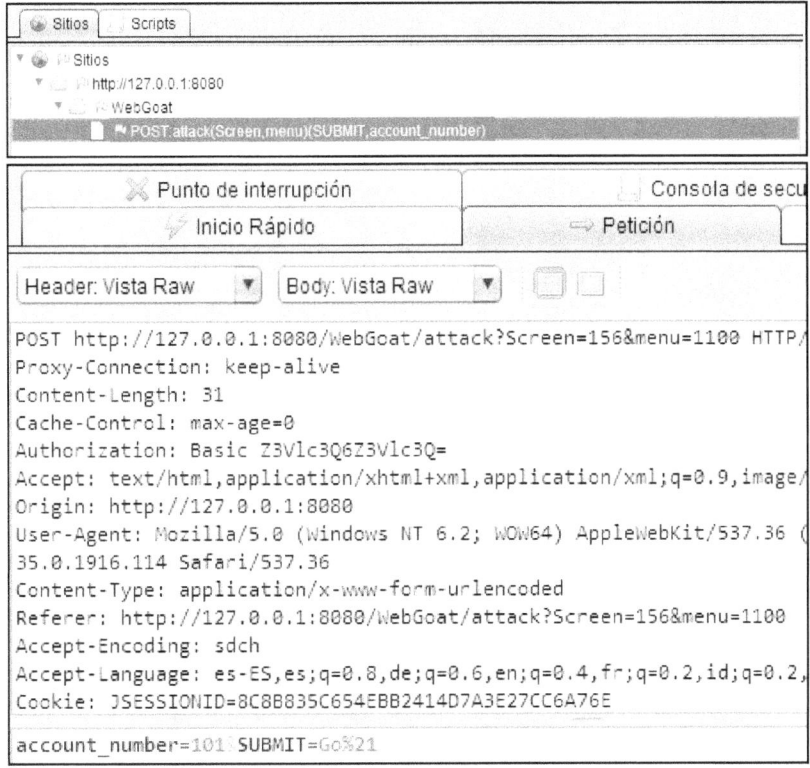

FIGURA 3-35

Sobre ella, según se muestra en la **[figura 3-36]** podemos realizar un escaneo automatizado. La **[figura 3-37]** limita el alcance una única URL, evitando que se alteren los parámetros de la petición (*query string*), y limitando la malformación los parámetros enviados como parte del formulario POST.

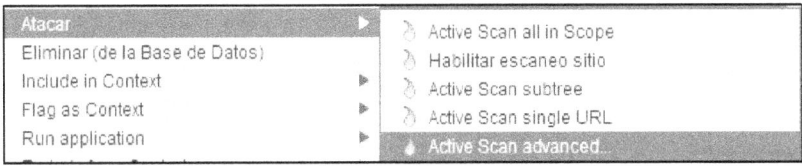

FIGURA 3-36

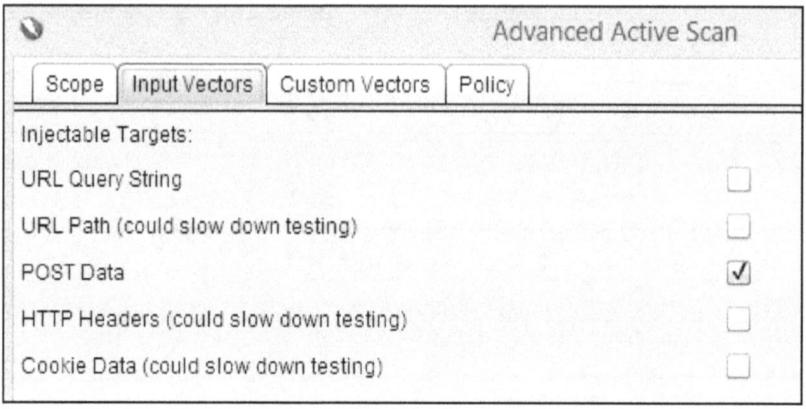

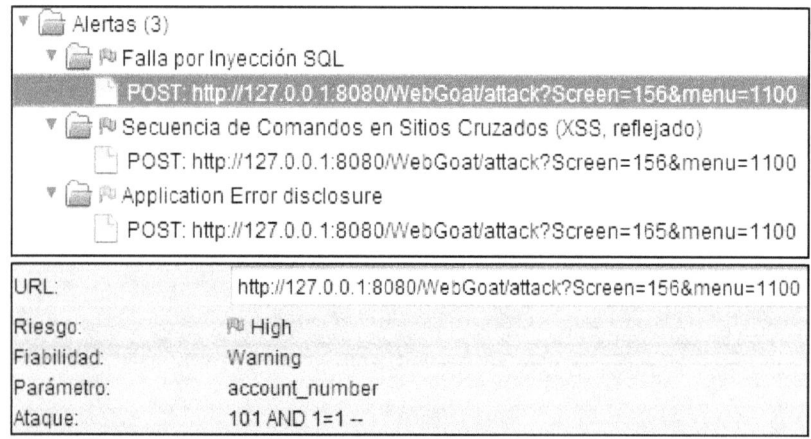

FIGURA 3-37

Finalmente en la *[figura 3-38]* obtenemos en la sección de alertas los resultados de la evaluación automatizada, según la cual se ha detectado una inyección de SQL en el parámetro *account_number*. Una inyección de XSS en el mismo parámetro. Y finalmente, una fuga de información en mensajes de error activos en el aplicativo.

De las tres vulnerabilidades identificadas para el formulario sólo el XSS es un falso positivo. Siendo tanto la inyección de SQL, como los mensajes de error, vulnerabilidades correctamente detectadas.

FIGURA 3-38

3.6 | CONCLUSIÓN

A lo largo de este capítulo parecen evidentes las carencias que tienen las herramientas si insistimos en usarlas de forma totalmente automatizada, obteniendo resultados con abundantes falsos positivos, pocas identificaciones de vulnerabilidades exitosas y una cantidad muy alta de información para verificar al terminar la prueba.

Sin embargo, también se muestra que en el momento que se pasa a un modo de trabajo semiautomatizado, como se ha visto en el caso de ZAP, se pueden obtienen unos resultados mucho más precisos, con mucha menos información irrelevante y con una tasa de detección de vulnerabilidades aceptable.

Por tanto, volvemos a recordar lo que dijimos en el primer capítulo: las herramientas simplifican y automatizan tareas tediosas, pero una correcta evaluación de vulnerabilidades necesita de una intervención manual.

METODOLOGÍA | 4

Los tres primeros capítulos, que vienen a ser las primeras cien páginas, han servido para componer un *collage* donde comenzamos esbozando sobre qué trata el asunto de las pruebas de seguridad, luego hemos estudiado las vulnerabilidades que más frecuentemente aparecen y por último ha llegado el asunto de las herramientas que tenemos a nuestra disposición para descubrir estas vulnerabilidades.

Creo que en el proceso se ha mostrado cómo la evaluación de vulnerabilidades para ser útil tiene que tener en mayor o menor medida un componente manual. Y además hemos visto que si dejamos *todo* en manos de herramientas lo que conseguiremos será un listado de vulnerabilidades y errores sin mucho sentido y que probablemente termine en una papelera.

Llegados a este capítulo cuatro pocas cosas restan para cumplir el objetivo marcado. Pero hay una muy básica: sintetizar todo lo visto y dar unas pautas elementales para una metodología básica que nos permita realizar una evaluación de vulnerabilidades aceptable acorde a nuestros propósitos.

No obstante, antes de tirarnos a la piscina, una aclaración: esta metodología tiene un ámbito de uso interno y, por tanto, no es completa y además se evitan una serie de formalismos que una metodología de revisión a terceros incluiría. En consecuencia, no se nos debería pasar por la cabeza afrontar una revisión profesional a terceros usando esta metodología.

Si nos vemos, por el motivo que sea, abocados a tener que hacer una revisión formal, mi sugerencia es que sigáis la guía de un libro como *Professional Penetration Testing*.

Este es un capítulo bastante teórico por un motivo esencial, en el siguiente capítulo, el quinto es donde veremos de forma práctica todo el proceso explicado aquí.

Hecha esta aclaración, vamos a pasar a los contenidos del capítulo; que serán los siguientes:

- **Planificación y diseño:** ¿Por qué hacemos la prueba? ¿Qué queremos obtener de ella? ¿Quién necesita esa información? ¿Qué tipo de prueba vamos a ejecutar? ¿Qué servicios debemos evaluar? ¿Qué aplicativos? ¿Existen procesos de autenticación? ¿Hay pruebas que no debemos realizar?

- **Ejecución, verificación y explotación.** ¿Qué es la recolección de información? ¿Cómo evaluamos las vulnerabilidades de los servicios de red? ¿Y de los aplicativos web? ¿Hasta qué punto podemos automatizar la prueba? ¿Qué problemas podemos encontrar? ¿Cómo verificamos los resultados? ¿Y si tenemos que hacer un test de intrusión qué hacemos?

- **Informe y gestión de vulnerabilidades.** Ya hemos hecho la prueba, ¿y ahora qué? ¿Cómo se comunican los resultados? ¿A quién se comunican? ¿De qué forma? ¿Qué es la gestión de vulnerabilidades?

4.1 | Planificación y diseño

Sino planificamos mínimamente lo que vamos a hacer, trabajaremos el doble. Por tanto, antes de empezar hay que tratar una serie de puntos básicos:

- **Objetivos:** Los puntos fundamentales sobre los que gira toda la planificación: ¿por qué hacemos la prueba? ¿qué queremos obtener de ella? ¿quién necesita esa información?

- **Tipo de prueba:** ¿De todas las pruebas que hemos visto cuál se adapta mejor a los objetivos? ¿Una prueba en caja negra? ¿Una prueba en caja gris?

- **Entorno:** Según los objetivos fijados, ¿dónde tenemos que llevar a cabo la evaluación de la seguridad? ¿En el entorno de desarrollo? ¿En el entorno de preproducción/pruebas? ¿En el entorno de producción?

- **Ubicación:** ¿Dónde vamos a ubicar a nuestro atacante? ¿En nuestra red interna? ¿En la DMZ? ¿En el exterior?

- **Momento, comunicación y personas:** ¿Cuándo debemos realizar la prueba? ¿Influye? ¿Debemos informar de la prueba?

- **Afinando la prueba:** ¿Existen vulnerabilidades que nos queremos evaluar? ¿Sabemos las tecnologías de los servicios y por tanto qué vulnerabilidades no van a afectarlos con total seguridad? ¿Hay usuarios? ¿Hay peticiones que debemos evitar?

Objetivos

¿Por qué vamos a hacer una prueba de seguridad? Esta pregunta, que quizá nos suene un poco a *Perogrullo*, es algo que tenemos que tener presente siempre antes de empezar.

El motivo es muy sencillo: trabajaremos la mitad. Nos explicamos. Es relativamente habitual pensar que las pruebas de seguridad son similares entre ellas y que, una vez tenemos los resultados de una, vamos a poder contestar a todas, o al menos a casi todas, las preguntas que nos podamos hacer a posteriori. ¡Error!

Las preguntas hay que hacerlas antes de empezar. Plantearlas al final sólo servirá, bien para contestar de cualquier manera, bien para tener que repetir la prueba. No obstante, como un ejemplo vale más que mil palabras, vamos a ejemplificar la situación.

Supongamos por un momento que tenemos una nueva versión de una aplicación web que queremos liberar en producción, *miAPP 2.0*, y nos planteamos que hay que hacer una prueba de seguridad, pero pasamos por encima de la planificación de los objetivos sin hacerle caso.

El hecho es que, sin mucho criterio, decidimos hacer una prueba semiautomatizada de intrusión sobre el entorno de producción en caja negra exclusivamente sobre el aplicativo web.

Y entonces, leyendo los resultados, el director de desarrollo se pregunta: ¿Qué resultados hemos obtenido en la verificación de la seguridad de la lógica?. Mientras, a su vez, el director de sistemas pregunta: ¿Cómo de efectiva ha sido la securización que hemos realizado sobre el servidor web *Apache*?

Respuesta: no tenemos ni idea.

Y es que, aunque técnicamente las posibles pruebas de seguridad sean similares, su planificación, diseño y resultado no lo son.

Por tanto, antes de empezar la prueba, hay que fijar unos objetivos generales de la misma y, en caso de existir, unos objetivos específicos por departamento/área que espere obtener resultados a partir de la prueba.

Estableciendo objetivos

Más que nos gustase, no existe una varita mágica que al agitarla genere los objetivos que necesitamos. No obstante, sí hay una serie de preguntas básicas, que contestar nos servirá para saber qué es lo que necesitamos hacer en nuestra prueba de seguridad.

> I. ¿Qué servicio queremos evaluar?
>
> II. ¿Necesitamos una valoración del aplicativo? ¿Del aplicativo y de la infraestructura IT?
>
> III. ¿Queremos una valoración que simule un atacante externo? ¿Un usuario del sistema sin privilegios? ¿Una prueba con el mismo conocimiento del sistema que tiene el personal IT?
>
> IV. ¿Se trata de un sistema que está ya en producción?
>
> V. Si se trata de un sistema que está en producción, ¿la prueba que vamos a realizar puede generar pérdida/alteración de información?
>
> VI. ¿Dónde vamos a ubicar a nuestro atacante? ¿En una red externa? ¿En una red interna?
>
> VII. ¿Vamos a realizar una prueba automatizada?
>
> VIII. En caso de realizar una prueba automatizada, ¿vamos a realizar descarte manual de falsos positivos?
>
> IX. ¿Queremos una prueba que recopile todas las vulnerabilidades existentes? ¿O una que eleve privilegios en el sistema?
>
> X. ¿Existen cuestiones específicas por áreas/departamentos?
>
>   a. ¿Necesitamos evaluar específicamente algún tipo de vulnerabilidad? ¿Es esa vulnerabilidad evaluable de forma automatizada?
>
>   b. ¿Necesitamos evaluar la eficacia de alguna medida de seguridad implementada sobre el sistema?

FIGURA 4-1

Tipo de prueba

En el *capítulo 1* vimos, y ejemplificamos, los tipos de pruebas que existen y las diferencias fundamentales entre ellas. En este capítulo no vamos a volver a insistir en ese tema, pero sí que vamos a incidir en la parte práctica del asunto, es decir, en elegir adecuadamente el tipo de prueba que necesitamos en función de los objetivos que hayamos fijado.

Lo primero a tener claro es que tenemos a nuestra disposición 18 pruebas posibles, según vemos en la *[figura 4-2]*. Y que estas 18 pruebas nos van a dar resultados diferentes, por tanto, tenemos que escoger según nuestros objetivos.

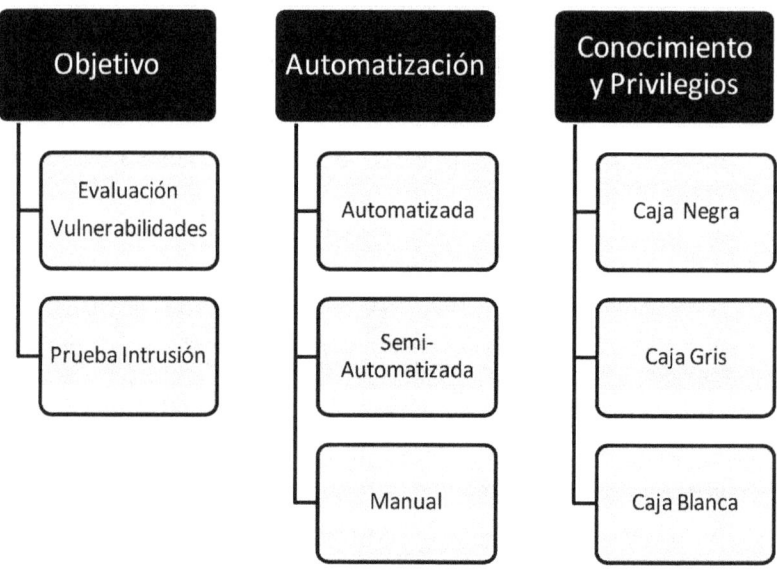

FIGURA 4-2

Las pautas para hacer la elección son las siguientes:

- **Evaluación de vulnerabilidades:** En principio, y para el cometido desde libro, esta es la prueba básica y común a realizar siempre con la intención de obtener una recopilación ordenada y priorizada de las vulnerabilidades existentes en un sistema.

- **Prueba de intrusión:** En principio, salvo que queramos evaluar un sistema de madurez media-alta, con medidas de seguridad implementadas, y previamente testado mediante evaluación de vulnerabilidades no necesitamos realizar una prueba de intrusión.

- **Suite automatizada:** Una prueba totalmente automatizada sirve de muy poco. En general, como hemos visto en el capítulo 3, cuanto más se interviene en la prueba, mejores resultados se obtienen. La recomendación, por tanto, es que mínimo se desarrolle una prueba semiautomatizada.
En aquellos casos que se disponga de tiempo y habilidad técnica, se recomienda en desarrollo de pruebas manuales.

- **Conocimiento y privilegios:** Una solución intermedia en caja gris suele ofrecer un compromiso muy adecuado entre esfuerzo y resultados para todo tipo de servicios. Por otra parte una solución en caja negra puede ser recomendable, se adapta mejor a la realidad, siempre que se trate de un servicio público destinado a usuarios externos. La caja blanca sólo es recomendable para equipos expertos, donde además, se dispone de una cantidad de tiempo muy considerable.

Entorno

En el *capítulo 1* vimos que en función de la fase del ciclo de vida donde se ejecute la prueba (fase de desarrollo, fase de preproducción o fase producción) ésta puede tener una utilidad u otra. Es decir, las pruebas satisfacen unos objetivos u otros.

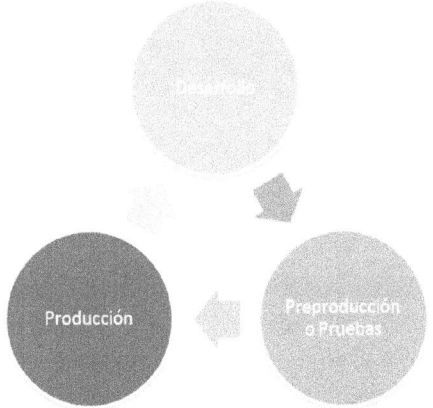

Esta sección profundiza en ese concepto, da pautas y destierra algunas ideas erróneamente instauradas sobre los mismos.

Entorno vs. Ciclo de vida

Para profundizar, lo primero que tenemos aclarar es que existen, por un lado, 3 entornos donde podemos hacer pruebas de seguridad de un servicio y, por otro, 3 fases dentro del ciclo de vida de los servicios. Sin embargo, esta relación no es uno a uno.

Por ello, mientras que en el entorno de desarrollo sólo se hacen pruebas en la fase de desarrollo y en el entorno de producción del sólo se hacen pruebas de la fase de producción; en el entorno de preproducción no sucede lo mismo. En el entorno de preproducción se pueden hacer pruebas de un servicio en fase de preproducción o pruebas de un servicio en fase de producción.

¿Por qué? En resumen porque en el entorno de producción siempre vamos a tener una serie de limitaciones sobre qué tipo de pruebas podemos hacer. Por ello, en ocasiones, las pruebas de un servicio en fase de producción se ejecutan en el entorno de preproducción.

Entorno	Fases
Desarrollo	Desarrollo
Preproducción	Preproducción o Producción
Producción	Producción

Figura 4-4

Entorno de desarrollo: ideas base

Vamos a enunciar los conceptos clave del entorno de desarrollo y cómo influyen en la ejecución de pruebas de seguridad.

- Las pruebas a realizar en el entorno de desarrollo serán únicamente a servicios en fase de desarrollo.

- La característica principal del entorno es la falta de homogeneidad: equipo de trabajo del propio desarrollador del proyecto, servidores que han quedado obsoletos...

- Es el entorno menos frecuente para realizar pruebas de seguridad.

- El motivo para realizar pruebas en desarrollo es practicar una detección temprana de problemas y de errores en la implementación.

- Es necesaria agilidad y brevedad en las pruebas.

Entorno de preproducción/pruebas: ideas base

De la misma forma que hemos hecho con el entorno de desarrollo, ahora vamos a enunciar los conceptos clave del entorno de preproducción/pruebas y cómo influyen en la ejecución de pruebas de seguridad.

- Entorno que *teóricamente* reproduce con total fidelidad y exactitud el entorno de producción.

- Entorno que realmente simula la infraestructura de producción: diferencias hardware, diferencias software, clústers, balanceadores, enrutamiento y medidas de seguridad.

- Doble función. Función uno: evaluación de servicios previamente a paso a producción. Función dos: pruebas posteriores a entrada en producción.

- Uso previo a paso a producción: validación la seguridad de un servicio antes de la entrada del mismo en producción.

- Uso en fase de producción: comprobación de la seguridad de un servicio que se encuentra ya en producción y que por el tipo de prueba a realizar no puede ser ejecutada en producción (riesgos de alteración/eliminación de información)

- Es el entorno donde ejecutaremos gran parte de las pruebas de seguridad. En principio todas las que no necesiten evaluar la seguridad de la infraestructura IT y de las medidas de seguridad implementadas en producción.

Entorno de Producción: ideas base

Durante tiempo se ha considerado un error hacer pruebas en el entorno de producción. Hoy día se considera un error no usar el entorno de producción.

Mi opinión es que en el término medio está la virtud. Las pruebas en el entorno de producción tienen un sentido y una razón de ser: el entorno de pruebas NO replica el entorno de producción.

Por tanto, la idea es que usemos el entorno de producción cuando sea necesario. Ni más, ni menos. No hace falta usarlo siempre, y mucho menos usarlo para actividades que se pueden hacer en preproducción; pero es totalmente razonable usarlo.

Por ello vamos a enunciar los conceptos clave del entorno de producción y cómo influyen en la ejecución de pruebas de seguridad.

- Las pruebas en producción son esenciales ante la liberación de un nuevo servicio no evaluado previamente. Además, pueden ser necesarias por otras causas: inexistencia de entorno de pruebas, diferencias enormes entre entornos, etc.

- No debemos hacer pruebas en el entorno de producción que pudiesen ser hechas en el entorno de preproducción. P.ej. evaluación de vulnerabilidades de un aplicativo.

- Es mejor hacer pruebas de seguridad en el entorno de producción cada cierto tiempo, que hacerlas cuando aparecen problemas serios.

- En mayor o menor medida se causa un perjuicio a los usuarios: cierre de aplicación al usuario, etc.

Entorno de producción: Buenas prácticas

En caso de tengamos que realizar pruebas en el entorno de producción debemos tener en cuenta las siguientes buenas prácticas.

- Utilizar preferentemente pruebas poco agresivas.

- Es necesario limitar el uso de herramientas automatizadas, priorizando el uso de pruebas manuales o semiautomatizadas.

- Descartar el uso de pruebas que puedan denegar el servicio.

- Limitar la inserción, eliminación y modificación de información en uso. Crear *backups* si se va a poder ver alterada información.

- Las pruebas de seguridad requieren de un tiempo importante para su ejecución, por tanto, será extraño que podamos parar el servicio durante la ejecución de la prueba. Ello implica que debemos ser muy cuidadosos con el tipo de prueba que hacemos.

Eligiendo el entorno adecuado: fase y prueba

Elegir el entorno adecuado depende de una serie de factores. Los principales son los siguientes: los objetivos, la fase del ciclo de vida en la que se encuentra los servicios a evaluar, el tipo de prueba que vamos a realizar y la adecuación del entorno a la prueba.

La **[figura 4-5]** recoge las principales pautas que hemos comentado a la hora de elegir entorno.

Entorno	Ciclo de Vida	Prueba	Uso
Desarrollo	Desarrollo	Evaluación vulnerabilidades	Casi nunca
Pruebas	Preproducción/Producción	Todo tipo de pruebas	Frecuente
Producción	Nuevo servicio no evaluado	Todo tipo de pruebas	Muy importante
Producción	Producción	Evaluación vuln. no agresiva	Según necesidad

FIGURA 4-5

Ubicación del atacante

Nuestra recomendación general es usar la red interna siguiendo el esquema de enrutamiento de la *[figura 4-6]* que simula, a todos los efectos, un usuario desde el exterior.

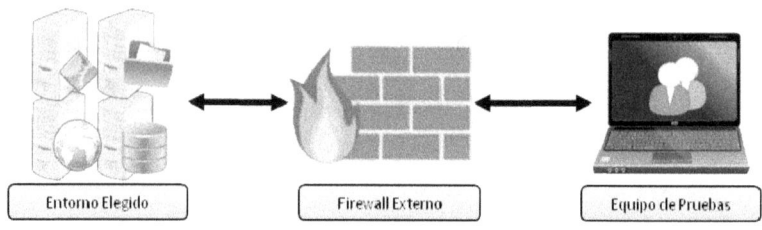

FIGURA 4-6

En la figura, el equipo de pruebas se coloca en el firewall más exterior del sistema. Siendo el tráfico de la prueba *enrutado* por la red de acceso, como si de un usuario externo se tratase, hasta el entorno que se haya elegido: pruebas o producción.

En el caso de las pruebas en el entorno de desarrollo la falta de homogeneidad de este tipo de escenarios impide una recomendación más precisa.

En caso de tratarse de aplicativos/servicios de uso interno, la recomendación es colocar el equipo de pruebas en la red de usuarios internos y que el tráfico sea enrutado hacia la red DMZ o hacia las subredes internas de servicios igual que sucedería con un atacante interno.

Momento, comunicación y personas

El momento, sobre todo si estamos en el entorno de producción, importa. Aunque seamos cuidadosos con nuestra prueba, siempre hay un pequeño margen de posibilidad de error. Por ello, debemos intentar minimizar los impactos negativos que podemos generar sobre los usuarios y aprovechar los momentos de baja actividad de las aplicaciones para a la ejecución de las pruebas.

Otro punto importante es la comunicación: tanto los responsables técnicos, como los responsables funcionales de los servicios deben estar informados del inicio y fin de las pruebas.

Finalmente, pero no por ello menos importantes, son los actores que participan en este proceso:

- Responsable de seguridad: Encargado de planificar y definir la prueba.

- Ingeniero de seguridad: Encargado de ejecutar la prueba.

- Responsables de servicios: Informados del inicio y fin de la prueba. Serán determinantes en la corrección de las insuficiencias detectadas.

- Gestión de Disponibilidad: Durante la ejecución de la prueba es importante la monitorización del sistema de información para detectar de forma rápida cualquier posible indisponibilidad que se genere.

Diseño final: Afinando la prueba

En esta fase de planificación y diseño, el punto final de la misma, sería acotar y definir lo más posible la prueba de seguridad a realizar, y para ello deberíamos, antes de entrar en la fase de ejecución, hacer una evaluación mínima de la infraestructura a evaluar, incidiendo sobre los siguientes puntos:

- **Tecnologías usadas:** Qué tecnologías son usadas en el sistema de información y por tanto son susceptibles de presentar vulnerabilidades.

- **Vulnerabilidades no evaluables:** Qué vulnerabilidades no deben ser evaluadas durante la prueba por determinados motivos: no ser adecuadas al entorno, no corresponderse con el tipo de prueba, no formar parte de la tecnología, ...

- **Mecanismos de protección:** Antes de comenzar, salvo que queramos una prueba totalmente en caja negra, es adecuado identificar los mecanismos de protección que se están implementando y que deben ser evaluados.

- **Usuarios y autenticación:** Debemos valorar si es necesario algún tipo de autenticación, cómo se realiza esta y si la prueba requiere de más de un usuario para ser ejecutada correctamente.

¿Qué probar automatizadamente?

Las aplicaciones de revisión automatizada tienen la virtud, o el defecto, según se mire, de probar absolutamente todo lo que encuentran a su paso.

Esto en principio no es erróneo, salvo cuando se realizan peticiones que: bien nos expulsan/cierran la sesión, bien caen en un error recursivo, bien pueden causar denegaciones de servicio o situaciones indeseadas.

Por ello, antes de comenzar las pruebas definitivas, sobre todo si van a ser ejecutadas sobre el entorno de producción, debemos definir qué pruebas/peticiones no queremos que se realicen.

Aplicativos web: ¿Cómo realizar una evaluación adecuada?

En el capítulo 3 hemos visto que ZAP permite un uso híbrido donde la exploración de la aplicación la realizamos de forma manual y posteriormente podemos realizar sobre cada una de las peticiones una exploración automática de vulnerabilidades.

Lo ideal, como es obvio, sería probar todo el aplicativo manualmente, realizando todas las pruebas posibles que hemos visto en el *capítulo 2* y otras más que nos faltarían por ver. Pero no estamos en esas lides.

4.2 | Ejecución, verificación y explotación

Una vez tenemos clara la planificación de nuestra prueba pasamos a la fase central del proceso de desarrollo de pruebas de seguridad: la fase de ejecución de la prueba, de verificación de vulnerabilidades y de, si procede, explotación de las mismas.

Esta fase se divide en las siguientes partes:

- **Recolección de información:** La tarea de recolección de información se encuentra a medio camino entre el diseño y la ejecución, su objetivo, además de detectar posibles fugas de información es verificar que la planificación realizada corresponde a la realidad.

- **Evaluación de vulnerabilidades de infraestructura:** Dependiendo del tipo de revisión a realizar esta será la siguiente tarea que emprendamos. En caso de tratarse de una revisión exclusivamente de aplicativo, no se llevará a cabo esta tarea.

- **Evaluación de vulnerabilidades de aplicativo web:** Dependiendo del tipo de revisión a realizar esta será la siguiente tarea que emprendamos. En caso de tratarse de una revisión exclusivamente de infraestructura de servicios, no se llevará a cabo esta tarea.

- **Verificación de resultados y explotación:** Finalmente una vez hemos obtenido resultados de la fase de evaluación, debemos proceder con la verificación de resultados y, si procede, con la explotación de las vulnerabilidades detectadas.

Recolección de información

Esta tarea, también conocida como *information gathering*, consiste en todo el conjunto de actividades realizadas para profundizar en nuestro conocimiento del sistema de información.

Puede ser tan amplia y variada como queramos. Si este libro en vez de tratar de pruebas de seguridad para consumo interno, tratase de pruebas de seguridad para terceros, esta fase podría ser mucho más amplia e incluir tareas como profundizar en el conocimiento del negocio, de la estructura empresarial, de los puntos de acceso al sistema, de los servicios externalizados, ...

Sin embargo, en el nivel en el que nos movemos, vamos a intentar acotar la actividad a las siguientes tareas:

- Información existente en *Google* sobre el sistema
- *Footprinting*

Google Hacking

Nuestra tarea es hacer uso de los filtros básicos de google *site*, *inurl* y *filetype* para determinar la existencia de zonas expuestas al público, o de información existente en el sistema y no conocida.

Footprinting

El *footprinting*, también conocido como detección de servicios y versiones, puede ser una tarea también bastante amplia: dns, snmp, icmp, etc.

Para nuestra tarea acotaremos la actividad a dos tareas.

A nivel de red y hosts usaremos de NMAP en su modo *-A* obteniendo de esta forma un conjunto completo de información sobre servicios de red, versiones de los servicios, etc.

A nivel web, si debemos evaluar aplicativos, deberíamos comenzar por un *crawling* del aplicativo y por una detección de rutas con WIKTO o herramienta similar.

Evaluación de vulnerabilidades en infraestructura IT

La detección de vulnerabilidades a nivel de red o de *hosts* puede realizarse según lo que hemos visto en el capítulo 3 de forma manual o automatizada.

Esta actividad es optativa dependiendo del alcance de la revisión que estemos realizando.

En caso de que sea una tarea a realizar la recomendación general es hacer uso de una revisión semiautomatizada.

Una buena forma de comenzar es conectando a los servicios en crudo, haciendo uso de *netcat* o *socat* y comprobar que efectivamente los servicios se corresponden con la información recibida por *Nmap*.

Una vez hecho esto, al nivel en el que nos movemos, el siguiente paso debería ser lanzar un escáner automatizado, ajustado con mucho cuidado la profundidad y los módulos de revisión usados. Es decir, si estamos evaluando un sistema Linux, no necesitamos hacer pruebas para sistemas Windows, ni Solaris. De la misma forma que si es un sistema que tenemos completamente actualizado a nivel de parcheo, podemos obviar los módulos que detecten vulnerabilidades en base al versionado.

Respecto a los resultados automatizados recomendamos contrastar la información de, al menos, dos escáneres automatizados.

Evaluación de vulnerabilidades en aplicativo web

La detección de vulnerabilidades a nivel de aplicativo puede realizarse según lo que hemos visto en el capítulo 3 de forma manual o automatizada.

Esta actividad es optativa dependiendo del alcance de la revisión que estemos realizando.

En caso de que sea una tarea a realizar la recomendación general es hacer uso de una revisión semiautomatizada.

Una buena forma de comenzar es conectando con nuestro navegador a las rutas detectadas en la fase de *footprinting* y de recolección de información en google, en muchas ocasiones nos sorprenderemos de lo que podemos llegar a encontrar: errores de configuración, ficheros con información sensible, etc.

El siguiente paso consistiría en realizar la revisión manual de los elementos básicos que siempre que sea posible sería conveniente revisar manualmente con la intención de extender y completar a las herramientas:

- **Validación de formularios:** La tarea consiste en elegir un formulario de los existentes en el aplicativo y someterlo a una revisión manual de validación.

- **Validación de parámetros de navegación:** La tarea consiste en identificar los parámetros de navegación (enviados en la URL) y someterlos a una revisión manual de validación.

- **Control de la autenticación:** La tareas consiste en verificar el acceso a una URL autenticada sin autenticación, controlar el cierre efectivo de la sesión y garantizar la seguridad de las cookies.

- **Control de autorización:** La tarea consiste en verificar el control de acceso a una URL para la que no se tienen privilegios de acceso, así como verificar la existencia de mecanismos anti-CSRF.

Finalmente, una vez hecho esto, al nivel en el que nos movemos, el siguiente paso debería ser lanzar una revisión automatizada, ajustado con mucho cuidado la profundidad y los módulos de revisión usados.

Respecto a los resultados automatizados recomendamos contrastar la información de, al menos, dos escáneres automatizados.

Verificación de resultados y explotación

El último punto de esta fase es, con diferencia, el menos sistemático, puesto que depende por completo de la información proporcionada por las herramientas que hayamos usado.

La idea general no es otra que, con la información del *capítulo 2* y con la propia información dada por la herramienta, chequear la existencia de la vulnerabilidad.

El método más común para esta tarea es la revisión manual con inspección visual de resultados.

Para ello, dado que las herramientas automatizadas suelen mostrar la petición realizada y la respuesta recibida, nuestra tarea será repetir esa misma petición ejecutada por la herramienta automática y confirmar que el resultado que se produce evidencia la existencia de una vulnerabilidad.

Finalmente, si el tipo de revisión que estamos llevando a cabo lo exige se puede proceder a la explotación de la vulnerabilidad, bien mediante el uso de *exploits* públicos, bien mediante el uso de herramientas específicas (*metasploit*, *sqlmap*, *thc hydra*, ...) o bien mediante el desarrollo de nuestro propio *exploit*.

↘ **OBSERVACIÓN 4-1 - Vulnerabilidades por versiones desactualizadas.**

En el caso de vulnerabilidades dependientes de versiones desactualizadas de software, la recomendación general es, si no vamos a llevar a cabo explotación de las mismas que garantice su existencia, indicarlo tal situación una "observación".

No se recomienda asegurar la existencia de una vulnerabilidad por versiones desactualizadas hasta que no se verifique el nivel de parcheo real del sistema o hasta que no se explote de forma efectiva la vulnerabilidad.

4.3 | INFORME Y CORRECCIÓN DE VULNERABILIDADES

El último punto, del proceso, pero no por ello menos importante es el acto de comunicar la vulnerabilidad y gestionar adecuadamente su corrección o mitigación.

Para nuestro propósito, aunque nos movamos en un ámbito interno, el informe debe tener un mínimo de calidad y legibilidad. Si nos limitamos a copiar y pegar los resultados de las herramientas automatizadas es muy posible que los destinatarios de los informes dediquen el mismo tiempo a su lectura que nosotros a su redacción.

Por último, una vez hemos informado del resultado el proceso se ramifica en función de quién sea el destinatario de este informe. Veremos los casos más comunes.

Redactar un informe

Un informe aceptable para uso interno debe contener un mínimo de información elaborada y una estructura similar a la siguiente

- **Objetivo y Alcance:** Breve descripción de los objetivos planificados y de los servicios evaluados.

- **Resumen Ejecutivo.** Resumen de los resultados generales de la prueba detallando:
    - La valoración cuantitativa del proceso realizado. Es decir el número de vulnerabilidades según nivel de impacto (informativo/bajo/medio/alto/crítico).
    - El listado de deficiencias encontrado.

- **Detalle de vulnerabilidades:** Grueso del informe donde se recopilan cada una de las vulnerabilidades encontradas detallando, al menos, los siguientes aspectos: identificador, descripción, evidencia, valoración de riesgo y recomendación.

El proceso de corrección de vulnerabilidades

La corrección de las vulnerabilidades, o su mitigación en caso de que no puedan ser subsanadas, es el fin último de las pruebas de seguridad.

No obstante, para comprender mejor qué implica la corrección de vulnerabilidades debemos entender que el proceso de pruebas de seguridad puede tener como cliente a otros dos procesos: el propio proceso de gestión de la seguridad, o bien el proceso de gestión de la entrega, en función del punto del ciclo de vida del desarrollo en el que nos encontremos. La *[figura 4-7]* lo ejemplifica.

FIGURA 4-7

Las repercusiones serán muy diferentes en función de qué proceso sea el cliente de las pruebas de seguridad.

Detectar una vulnerabilidad en fase de pruebas de una entrega implicará rechazar su despliegue en producción y volver a la fase de implementación para corregir las vulnerabilidades detectadas. Es, por decirlo de alguna forma, una tarea *interna* de la gestión de la entrega englobada dentro de lo que se puede entender como *Quality Assurance*.

En este caso, el informe llegará al responsable de la entrega y será éste el que distribuya las tareas de corrección de las vulnerabilidades detectadas entre los técnicos que han implementado esa entrega.

Sin embargo, la detección de vulnerabilidades cuando el cliente del proceso es las *gestión de vulnerabilidades* que forma parte de cualquier proceso de *gestión de la seguridad* es una situación totalmente distinta.

En este caso lo que se habrá encontrado son vulnerabilidades sobre un sistema en producción que está siendo usado. En estos casos los pasos a dar son los siguientes:

- **Comunicación de resultados:** Con las vulnerabilidades y sus riesgos identificados, analizadas y priorizadas el responsable de seguridad deberá comunicar a los responsables de los servicios afectados los resultados del proceso y sus recomendaciones.

- **Valoración del riesgo:** Los responsables de servicios afectados deberán valorar el riesgo del sistema de información. Se deberán valorar qué vulnerabilidades pueden y deben ser corregidas, cuáles serán mitigadas y cuáles se mantendrán sin corregir aceptando el riesgo derivado.

- **Definición de acciones correctivas:** Los responsables de los servicios deberán definir en colaboración con el personal técnico las acciones concretas a emprender para corregir las vulnerabilidades.

- **Gestión de cambios:** Se gestionarán todos los cambios necesarios para implementar las acciones correctivas.

- **Reevaluación:** Una vez finalizada la implementación de cada acción correctivas, como parte de la propia gestión de entrega, realizará una reevaluación para verificar que han sido correctamente subsanadas.

La *[figura 4-8]* muestra el proceso de corrección de una vulnerabilidad dentro del proceso de gestión de vulnerabilidades.

Comunicación Resultados → Valoración Riesgo → Defición Acciones Correctivas → Gestión de Cambios → Reevaluación

FIGURA 4-8

4.4 | Resumen gráfico

La *[figura 4-9]* sirve como resumen final de todo el capítulo. Un gráfico que sintetiza la metodología básica explicada.

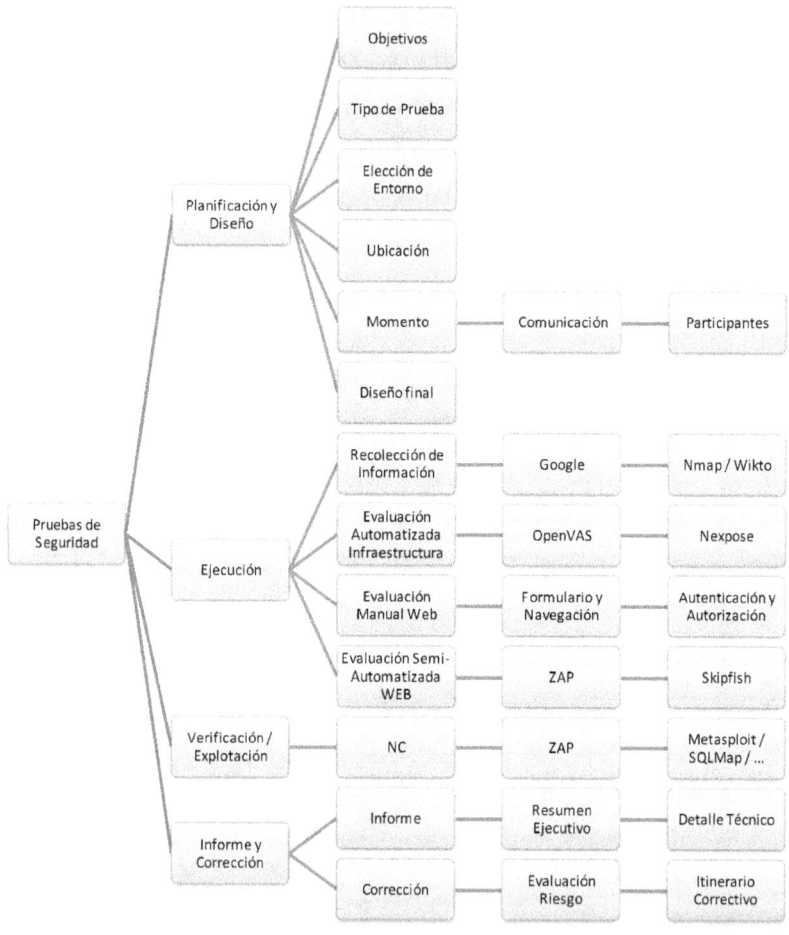

Figura 4-9

Un caso práctico | 5

Para finalizar este libro, después de un capítulo 4 eminentemente teórico, este caso práctico sirve como gran ejemplo de todo lo que hemos contado en él. En el capítulo se expone un proceso completo de revisión sobre un aplicativo web y el sistema asociado al mismo, con la única salvedad de la fase de corrección de vulnerabilidades.

Advertencia: mejorar la legibilidad final de cada página impide la numeración de tablas y figuras en este capítulo.

5.1 | Planificación y diseño

Cuestionario de objetivos

I. ¿Qué servicio queremos evaluar?

Servicio de docencia virtual basado en Moodle. El servicio está alojado en un sistema CentOS 6.5 ejecutándose bajo una infraestructura LAMP (Linux, Apache, MySQL y PHP) con IP 192.168.1.102

II. ¿Necesitamos una valoración del aplicativo? ¿Del aplicativo y de la infraestructura IT?

De ambas partes.

III. ¿Queremos una valoración que simule un atacante externo? ¿Un usuario del sistema sin privilegios? ¿Una prueba con el mismo conocimiento del sistema que tiene el personal IT?

Queremos simular un usuario de sistema sin privilegios de acceso.

IV. ¿Se trata de un sistema que está ya en producción?

No.

V. Si se trata de un sistema que está en producción, ¿la prueba que vamos a realizar puede generar pérdida/alteración de información?

N/A

VI. ¿Dónde vamos a ubicar a nuestro atacante? ¿En una red externa? ¿En una red interna?

En red local.

VII. ¿Vamos a realizar una prueba automatizada?

Híbrida. Automatizada en su mayor parte, con revisión manual de algunos aspectos del aplicativo.

VIII. En caso de realizar una prueba automatizada, ¿vamos a realizar descarte manual de falsos positivos?

Sí, se van a descartar falsos positivos.

IX. ¿Queremos una prueba que recopile todas las vulnerabilidades existentes? ¿O una que eleve privilegios en el sistema?

Queremos una recopilación de vulnerabilidades.

X. ¿Existen cuestiones específicas por áreas/departamentos?

No.

Prueba planificada

En base a la información y al cuestionario de objetivos se determina por parte del responsable de seguridad realizar las siguientes acciones:

- Una evaluación automatizada en caja negra de la infraestructura LAMP. Sin privilegios de acceso.

- Una evaluación semiautomatizada en caja gris del aplicativo web Moodle.

Dado que se trata de un sistema que no está en uso, se acuerda verificar la versión final desplegada en el entorno de producción, como paso previo a su liberación a los usuarios.

Se descarta el uso del sistema de preproducción puesto existen diferencias en la infraestructura LAMP existente en él.

La prueba se llevará a cabo desde la red local, simulando ser un alumno del sistema de información.

Se contarán con credenciales de acceso básicas a la plataforma Moodle con el usuario "alumno".

De la navegación por la aplicación identificamos una petición que no debe realizarse dado que finalizará la sesión en curso:

http://192.168.1.102/moodle/login/logout.php?sesskey=

No parece que existan otras peticiones que finalicen la sesión.

Por último, se revisará manualmente:

a) La validación de parámetros en el formulario de creación de POSTS del BLOG alumno.

b) La validación de parámetros en el identificador ID de las peticiones *moodle/course/view.php?id=3*

c) El control de autenticación en el acceso a *moodle/mod/page/view.php?id=78*

d) El control de autorización en el acceso a la función administrativa *moodle/admin/user.php*

5.2 | Ejecución

Recopilación de información

El sistema no se encuentra indexado por Google.

La ejecución de NMAP devuelve la siguiente información.

```
# nmap -n -A -sS -P0 192.168.1.102

Starting Nmap 6.00 ( http://nmap.org ) at 2014-06-11 19:08 CEST
Nmap scan report for 192.168.1.102
Host is up (0.00032s latency).
Not shown: 996 closed ports
PORT    STATE SERVICE  VERSION
21/tcp  open  ftp      vsftpd 2.2.2
| ftp-anon: Anonymous FTP login allowed (FTP code 230)
|_drwxr-xr-x    2 0        0            4096 Mar 01  2013 pub
22/tcp  open  ssh      OpenSSH 5.3 (protocol 2.0)
| ssh-hostkey: 1024 e9:58:f8:59:c4:5f:6a:03:c7:f7:48:e9:3a:a3:88:b7 (DSA)
|_2048 25:b2:52:ae:85:f5:c6:9a:93:ac:ff:32:96:44:d4:8e (RSA)
80/tcp  open  http     Apache httpd
|_http-methods: No Allow or Public header in OPTIONS response (status code 200)
|_http-title: Bitnami Moodle Stack
443/tcp open  ssl/http Apache httpd
| ssl-cert: Subject: commonName=mintlab
| Not valid before: 2014-05-20 16:32:11
|_Not valid after:  2024-05-17 16:32:11
|_http-methods: No Allow or Public header in OPTIONS response (status code 200)
|_http-title: Bitnami Moodle Stack
MAC Address: 08:00:27:E6:38:53 (Cadmus Computer Systems)
Device type: general purpose
Running: Linux 3.X
OS CPE: cpe:/o:linux:kernel:3
OS details: Linux 3.0 - 3.1
Network Distance: 1 hop
Service Info: OS: Unix

TRACEROUTE
HOP RTT     ADDRESS
1   0.32 ms 192.168.1.102

OS and Service detection performed. Please report any incorrect results at http://nmap.org/submit/ .
Nmap done: 1 IP address (1 host up) scanned in 15.13 seconds
```

Podemos ver que se trata de un sistema Linux, como ya sabíamos. Erróneamente identificado con kernel 3.x, dado que Centos 6.5 sigue en un kernel 2.6.x

Los servicios desplegados en él públicamente son:

FTP: vsftpd 2.2.2 con acceso anónimo habilitado.

SSH: OpenSSH 5.3

HTTP/HTTPS: Apache, sin información de versionado. Según informa el sistema se trata de un servicio Bitnami Moodle Stack.

La conexión directa a los servicios confirma la información disponible.

```
# nc 192.168.1.102 21
220 (vsFTPd 2.2.2)

# nc 192.168.1.102 22
SSH-2.0-OpenSSH_5.3

# nc 192.168.1.102 80
HEAD / HTTP/1.0

HTTP/1.1 200 OK
Date: Wed, 11 Jun 2014 17:18:01 GMT
Server: Apache
X-Frame-Options: SAMEORIGIN
Accept-Ranges: bytes
Vary: Accept-Encoding
X-Mod-Pagespeed: 1.7.30.4-
Cache-Control: max-age=0, no-cache
Content-Length: 5413
Connection: close
Content-Type: text/html; charset=UTF-8

# nc 192.168.1.102 80
GET /moodle/ HTTP/1.0

HTTP/1.1 200 OK
Date: Wed, 11 Jun 2014 17:19:16 GMT
Server: Apache
X-Frame-Options: SAMEORIGIN
X-Powered-By: PHP/5.4.28
Set-Cookie: MoodleSession=cos4377u4ca5uchi2icvgj9nk6; path=/
Cache-Control: max-age=0, no-cache, no-store, must-revalidate, post-check=0, pre-check=0
```

```
Pragma: no-cache
Vary: Accept-Encoding
X-Mod-Pagespeed: 1.7.30.4-
Content-Length: 3368
Connection: close
Content-Type: text/html
```

Además la petición de una página servida por PHP nos muestra información adicional:

```
X-Powered-By: PHP/5.4.28
Set-Cookie: MoodleSession=cos4377u4ca5uchi2icvgj9nk6; path=/
Cache-Control: max-age=0, no-cache, no-store, must-revalidate, post-check=0, pre-check=0
X-Mod-Pagespeed: 1.7.30.4-
```

La versión de PHP que encontramos en el sistema es la 5.4.28, existen directivas de seguridad sobre cookies (aunque el path de las cookies debería estar restringido al directorio /moodle) y se usa el módulo MOD_PAGESPEED de Apache 2.

Análisis automatizado de infraestructura LAMP

Para el análisis automatizado vamos a comenzar usando Nexpose.

Hemos seleccionado un test bastante extenso (auditoría completa sin web)

Los resultados obtenidos han sido los siguientes:

Title
X.509 Certificate Subject CN Does Not Match the Entity Name
FTP server does not support AUTH command
Weak Cryptographic Key
FTP access with ftp account
FTP access with anonymous account
Self-signed TLS/SSL certificate
TCP Sequence Number Approximation Vulnerability
OpenSSL SSL/TLS MITM vulnerability (CVE-2014-0224)
ICMP timestamp response
TCP timestamp response

El siguiente análisis lo realizaremos con OpenVAS, en este caso inhabilitaremos una cantidad importante de plugins, dejando únicamente aprox. 3000 comprobaciones de las más de 12000 existentes: eliminaremos todas las comprobaciones locales, todas las comprobaciones de sistemas Unix distintos a Linux, todas las comprobaciones de sistemas Windows, etc.

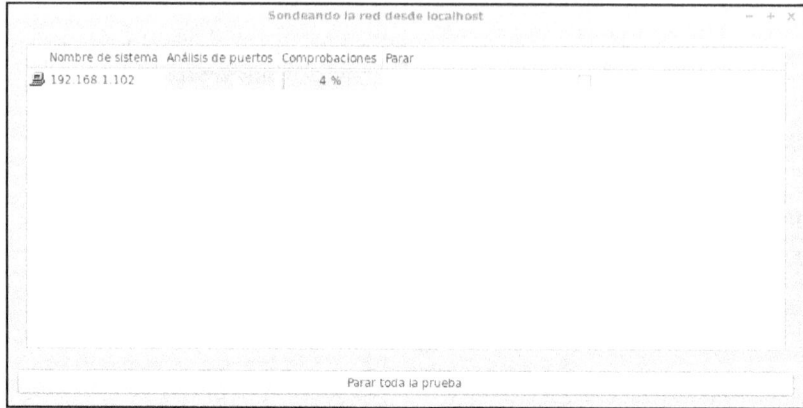

La única vulnerabilidad reportada por OpenVAS es la existencia de un FTP anónimo.

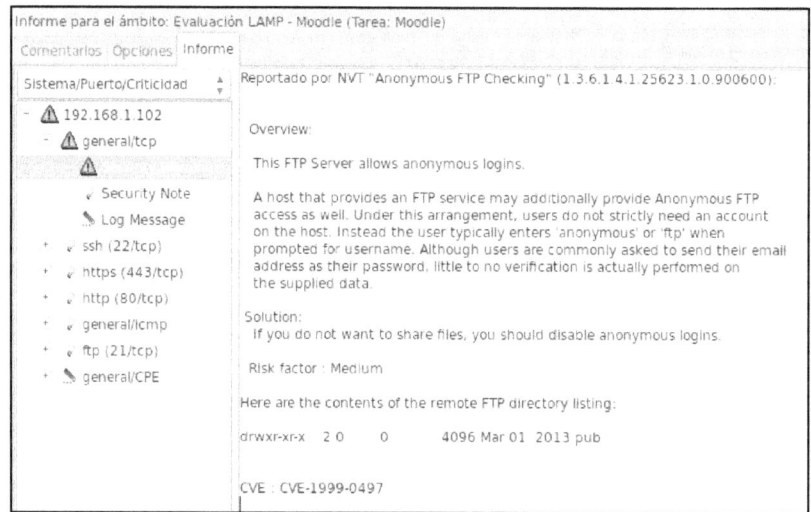

Análisis manual de aplicativo WEB

Validación formulario BLOG

La validación de parámetros en el formulario de creación de POSTS del BLOG alumno (http://192.168.1.102/moodle/blog/edit.php) se ha verificado de forma exhaustiva, tanto de forma manual como semiautomatizada, realizándose un total de más de 500 peticiones esa URL el resultado es el siguiente.

- Cookie set without HttpOnly flag (2)
- Password Autocomplete in browser
- Private IP disclosure (19)
- X-Content-Type-Options header missing (37)

Validación URL de navegación ID

La validación de parámetros en el parámetro ID utilizado en la navegación por el aplicativo (Ej: /moodle/course/view.php?id=3) ha sido verificado de forma exhaustiva, tanto de forma manual como automatizada, realizándose un total de más de 500 peticiones esa URL el resultado es el siguiente.

- Private IP disclosure (2)
- X-Content-Type-Options header missing (3)

Control de la autorización

La petición directa del recurso administrativo */admin/user.php* es correctamente controlada por el sistema, denegando el acceso a un usuario sin privilegios.

Esto NO implica que otro recursos administrativo o función sea controlado correctamente.

Se verifica igualmente que la cookie de sesión generada no es secuencial y que la finalización de la sesión se realiza de forma adecuada.

Control de la autenticación

La petición directa del recursos con acceso autenticado *moodle/mod/page/view.php?id=78* ha sido controlada de forma satisfactoria.

Esto NO implica que otro recurso autenticado sea controlado correctamente.

Se verifica la existencia de un campo SessKey existente como parte de las peticiones que controla la posibilidad de realizar CSRF.

Evaluación de Vulnerabilidades TIC | 139

Análisis automatizado de aplicativo WEB

El análisis automatizado del aplicativo WEB ha sido realizado con ZAP (Zed Attack Proxy).

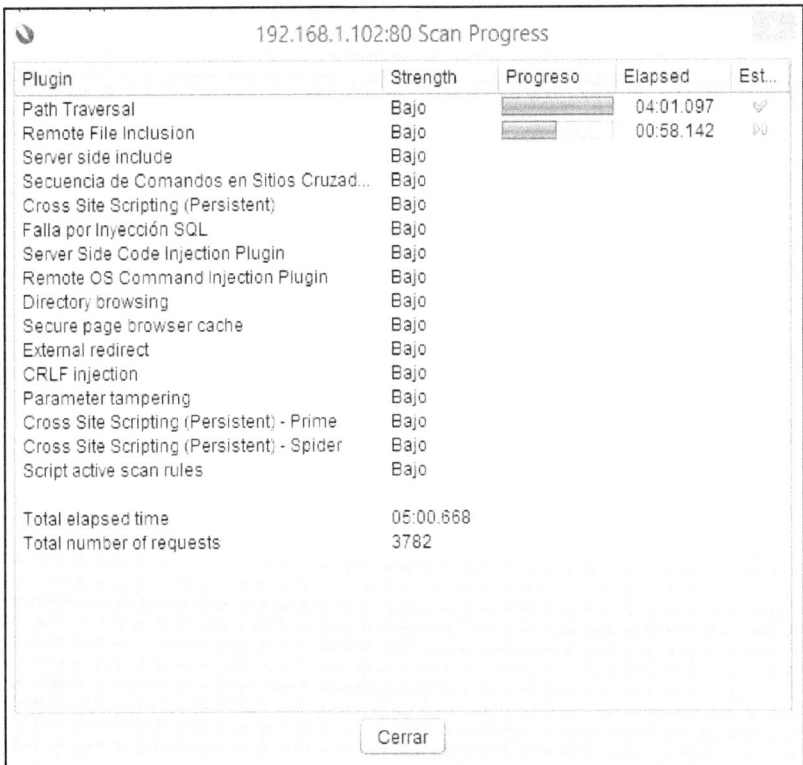

El resultado de la evaluación es el siguiente:

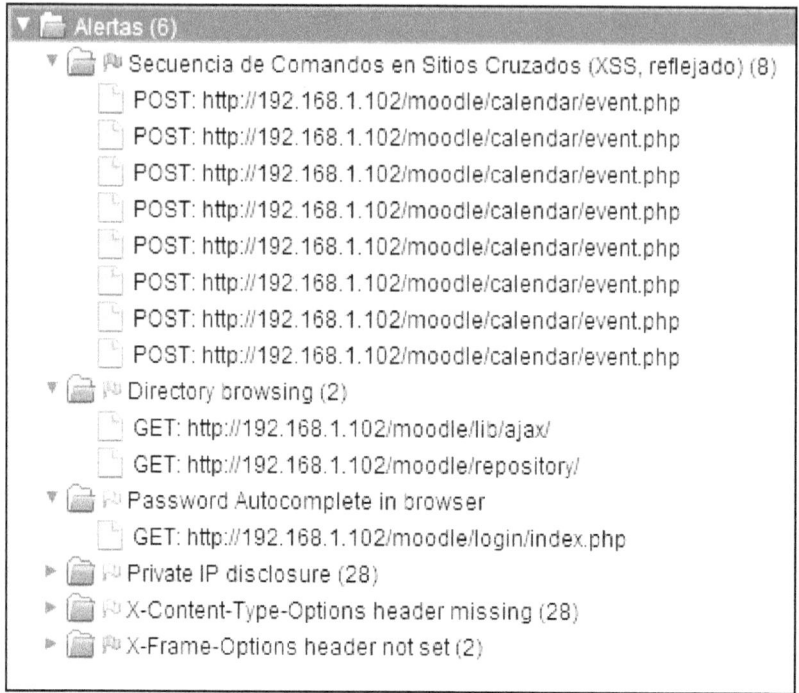

5.3 | Verificación

Certificado X.509 no corresponde con el sistema

Nexpose ha notificado de ello correctamente. El certificado se verifica emitido para "mintlab" mientras que el sistema es 192.168.1.102

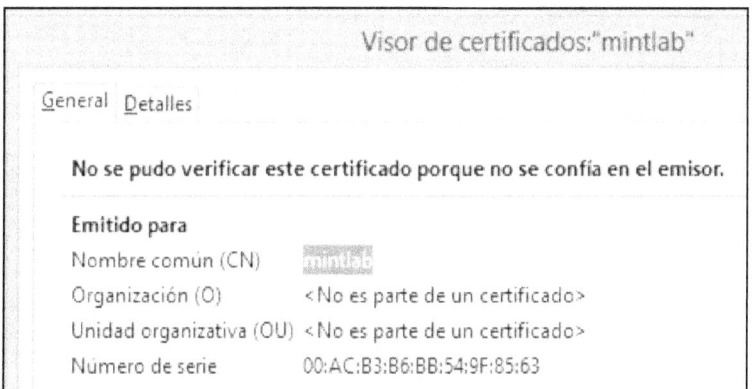

Certificado X.509 está autofirmado

Nexpose ha notificado de ello correctamente.

Emitido para
Nombre común (CN)   mintlab
Organización (O)   <No es parte de un certificado>
Unidad organizativa (OU) <No es parte de un certificado>
Número de serie   00:AC:B3:B6:BB:54:9F:85:63

Emitido por
Nombre común (CN)   mintlab
Organización (O)   mintlab
Unidad organizativa (OU) <No es parte de un certificado>

Clave criptográfica débil

Nexpose ha notificado de ello correctamente. En las propiedades del certificado se puede ver que es un certificado RSA con una clave de 1024 bits. Actualmente la recomendación pide que los certificados RSA se emitan con clave de 2048 bits.

Servicio FTP con acceso anónimo habilitado

Nexpose ha notificado de ello correctamente. Verificamos que efectivamente existe un servicio FTP habilitado con acceso anónimo.

```
Connected to 192.168.1.102 (192.168.1.102).
220 (vsFTPd 2.2.2)
Name (192.168.1.102:root): anonymous
331 Please specify the password.
Password:
230 Login successful.
Remote system type is UNIX.
Using binary mode to transfer files.
ftp>
```

Predicción de secuencia TCP

Falso positivo de Nexpose. A priori según la información proporcionada por NMAP es un falso positivo.

```
TCP Sequence Prediction: Difficulty=257 (Good luck!)
IP ID Sequence Generation: All zeros
```

Vulnerabilidad SSL MITM (CVE 2014-0224)

Desconocemos el nivel de actualización del sistema y no se va a realizar explotación efectiva, se notificará como información.

XSS en Moodle

ZAP ha notificado un posible XSS. Al proceder a verificarlo vemos que el vector que ha sido notificado como falso positivo es *;alert(1);* sin embargo el vector es inyectado dentro de código HTML y no dentro de código JS. Por tanto, nunca va a poder ser explotado.

Se trata pues de un falso positivo.

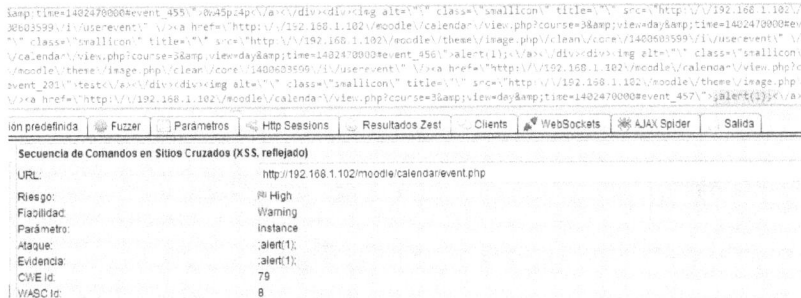

Indexación de directorios en Moodle

Se verifica que los directorios */moodle/lib/ajax* y */moodle/repository* son indexables.

Index of /moodle/lib/ajax
- Parent Directory
- ajaxlib.php
- blocks.php
- getnavbranch.php
- getsiteadminbranch.php
- setuserpref.php

Index of /moodle/repository
- Parent Directory
- README.txt
- alfresco
- areafiles
- boxnet
- coursefiles
- draftfiles_ajax.php
- draftfiles_manager.php
- dropbox

5.4 | INFORME

Objetivos y alcance

En base a la información y al cuestionario de objetivos se determina por parte del responsable de seguridad realizar las siguientes acciones:

- Una evaluación automatizada en caja negra de la infraestructura LAMP. Sin privilegios de acceso.

- Una evaluación semiautomatizada en caja gris del aplicativo web Moodle.

El sistema evaluado se encuentra sobre el host 192.168.1.102

Los servicios evaluados en esta revisión han sido:

- Servicio FTP en el puerto 21/TCP
- Servicio HTTP en el puerto 80/TCP
- Servicio HTTPS en el puerto 443/TCP

El único aplicativo web evaluado ha sido Moodle localizado en http://192.168.1.102/moodle

Resumen cuantitativo

Subsistema	Informativo	Bajo	Medio	Alto	Crítico
FTP	0	1	0	0	0
HTTP	0	0	0	0	0
HTTPS	1	1	0	0	0
Aplicación Moodle	0	1	0	0	0
Totales	**1**	**3**	0	0	0

Listado de vulnerabilidades

Código	Nombre	Nivel	Subsistema
INF-01	SSL MITM (CVE 2014-0224)	Informativo	HTTPS
VUL-01	FTP anónimo habilitado	Bajo	FTP
VUL-02	Deficiencias certificado X.509	Bajo	HTTPS
VUL-03	Indexación de directorios	Bajo	Moodle

Detalle de resultados

INF-01: SSL MITM (CVE 2014-0224)

- **Detalle:** OpenSSL con versiones anteriores en cada una de sus ramas a 0.9.8za, 1.0.0m y 1.0.1h no restringe adecuadamente el procesamiento de los mensajes ChangeCipherSpec, permitiendo ataques man-in-the-middle, el secuestrar sesiones y la obtención de información sensible.

- **Riesgo:** No se valora puesto que se desconoce si el sistema se encuentra parcheado contra esta vulnerabilidad.

- **Recomendación:** Verificar el adecuado nivel de parcheo del sistema contra esta vulnerabilidad.

VUL-01: FTP ANÓNIMO HABILITADO

- **Detalle:** Se ha detectado la existencia de un FTP anónimo ejecutándose en el puerto 21/TCP.

- **Evidencia:**

```
Connected to 192.168.1.102 (192.168.1.102).
220 (vsFTPd 2.2.2)
Name (192.168.1.102:root): anonymous
331 Please specify the password.
Password:
230 Login successful.
Remote system type is UNIX.
Using binary mode to transfer files.
ftp>
```

- **Riesgo:** Bajo. Potenciales fugas de información o mal uso.

- **Recomendación:** Verificar si el servicio FTP debe encontrase activo y garantizar que los ficheros en él no tienen limitaciones de confidencialidad.

VUL-02: DEFICIENCIAS EN CERTIFICADO X.509

- **Detalle:** El certificado X.509 instalado en el servicio HTTPS presenta deficiencias en cuanto a su longitud de clave RSA (1024), así como en cuanto a la entidad certificadora que lo emite y al CN utilizado.

- **Riesgo:** Bajo. Facilita la suplantación del sitio a un atacante.

- **Evidencia:**

```
Visor de certificados:"mintlab"

General  Detalles

No se pudo verificar este certificado porque no se confía en el emisor.

Emitido para
Nombre común (CN)      mintlab
Organización (O)       <No es parte de un certificado>
Unidad organizativa (OU) <No es parte de un certificado>
Número de serie        00:AC:B3:B6:BB:54:9F:85:63
```

Emitido para
Nombre común (CN)   mintlab
Organización (O)   <No es parte de un certificado>
Unidad organizativa (OU) <No es parte de un certificado>
Número de serie   00:AC:B3:B6:BB:54:9F:85:63

Emitido por
Nombre común (CN)   mintlab
Organización (O)   mintlab
Unidad organizativa (OU) <No es parte de un certificado>

- **Recomendación:** Utilizar un certificado con longitud RSA 2048 firmado por una CA confiable y con el CN del sistema.

VUL-03: INDEXACIÓN DE DIRECTORIOS

- **Detalle:** En el aplicativo Moodle se han determinado dos directorios indexables */moodle/lib/ajax* y */moodle/repository*. Esto puede permitir y facilitar fugas de información de contenidos erróneamente colocados en esos directorios.

- **Riesgo:** Bajo. Facilitar fugas de información.

- **Recomendación:** No permitir la indexación de directorio.

www.ingramcontent.com/pod-product-compliance
Lightning Source LLC
Chambersburg PA
CBHW060858170526
45158CB00001B/404